Great Powers –China Super Hydropower Project

(Nuozhadu Volume)

Innovative Technology of Safety Monitoring and Evaluation

Zou Qing　Tan Zhiwei　Yu Yuzhen　Zhao Zhiyong　et al.

中国水利水电出版社
China Water & Power Press
· Beijing ·

Informative Abstract

This book is a sub volume of safety monitoring and evaluation innovation technology, which is a national publishing fund funded project- *"Great Powers-China Super Hydropower Project (Nuozhadu Volume)"*. The book consists of five chapters, which comprehensively introduces the design of safety monitoring system, key technologies of safety monitoring, safety evaluation and early warning information management system of Nuozhadu Hydropower Project, and summarizes the innovative technologies in the aspects of working principle and application of monitoring instruments for high core rockfill dam, integration of monitoring automation system of key projects, safety evaluation and early warning of high core rockfill dam. These innovative technologies have been successfully applied to the safety monitoring and evaluation of Nuozhadu Hydropower Project, which has made great contributions to the safety appraisal of the power station and the smooth operation of power generation, and has provided reference and reference for a number of proposed ultra-high core wall rockfill dams in China, such as Qizong Hydropower Station on Jinsha River, Shuangjiangkou Hydropower Station on Dadu River, Lianghekou Hydropower Station on Yalong River, etc.

This book can be used by the technical personnel engaged in safety monitoring design and construction of water conservancy and hydropower projects in design and construction units, and can also be used as a reference for scientific and technological personnel engaged in early warning and evaluation of dam engineering safety in colleges and universities and scientific research institutes.

Preface I

Embankment dams, one of the oldest dam types in history, are most widely used and fastest-growing. According to statistics, embankment dams account for more than 76% of the high dams built with a height of over 100m in the world. Since the founding of the People's Republic of China 70 years ago, about 98,000 dams have been built, of which embankment dams account for 95%.

In the 1950s, China successively built such earth dams as Guanting Dam and Miyun Dam; in the 1960s, Maojiacun Earth Dam, the highest in Asia at that time, was built; since the 1980s, such embankment dams as Bikou Dam (with a dam height of 101.8m), Lubuge (with a dam height of 103.8m), Xiaolangdi (with a dam height of 160m), and Tianshengqiao 1 (with a dam height of 178m) were built. Since the 21st century, the construction technology of embankment dams in China has made a qualitative leap. Such high embankment dams as Hongjiadu (with a dam height of 179.5m), Sanbanxi (with a dam height of 185m), Shuibuya (with a dam height of 233m), and Changhe Dam (with a dam height of 240m) have been successively built, indicating that the construction technology of high embankment dams in China has stepped into the advanced rank in the world!

The core rockfill dam of Nuozhadu Hydropower Project with a total installed capacity of 5,850 MW is undoubtedly an international milestone project in the field of high embankment dams in China. It is with a reservoir volume of 23,700 million cube meters and a dam height of 261.5m. It is the highest embankment dam in China (the third in the world). It is 100m higher than Xiaolangdi Core Rockfill Dam which was the highest one. The maximum flood release of the open spillway is 31,318m^3/s, and the release power is 66,940 MW, which ranks the top in the world side spillway. Through joint efforts and re-

search, all parties participating in the construction achieved many innovative a-chievements with China's independent intellectual property rights in fields of the investigation, testing and modification of dam construction materials for ul-tra-high core rockfill dams, design criteria and safety evaluation standards of core rockfill dam, digital monitoring on construction quality and rapid detection technology. Among them, there are two most prominent technology innova-tions. Firstly, the law that earth material of ultra-high core rockfill dam needs modification has been revealed for the first time. And complete technology that earth material needs modification by combining artificial crushed stones has been systematically presented. Since there are more clay particles, less gravels and high moisture content in natural earth materials of Nuozhadu Hydropower Project, it can meet the requirement of anti-seepage, but it fails to meet the re-quirements of strength and deformation of ultra-high core rockfill dam. There-fore, the natural earth material has been modified by combining 35% artificial crushed stones. Finally the strength and deformation modulus of core earth material increased, and deformation coordination between core and rockfill ma-terial achieved. Secondly, quality control technology of digitalized damming of high earth and rock dam has been studied, which is a pioneering work in the field of water resource and hydropower engineering in the aspect of national dig-italized and intelligentized construction. The quality control in the past was conducted by supervisors. But heavy workload and low efficiency may lead to o-missions. During Nuozhadu Hydropower Project construction, the technology of "digitalized dam" has realized the whole-day, fine and online real-time moni-toring onto the process of dam of filling and rolling. Thus it has ensured the good construction of dam with a total volume of $34 \times 10^6 \, m^3$, and it was known as the great innovation of quality control technology in the world dam construc-tion.

Key technologies such as core earth material modification of high earth rock dam and "digitalized dam" proposed by Nuozhadu Hydropower Project have fundamentally ensured the dam deformation stability, seepage stability, slope stability and seismic safety. The operation of impoundment is good till now, and the seepage amount is only 15L/s which is the smallest among the same type constructions at home and abroad. In addition, scientific and

technical achievements have greatly improved design and construction of earth rock dam in China, and have been applied in following ultra-high earth rock dams, like Changhe on Dadu River (with a dam height of 240m), Shuangjiangkou (with a dam height of 314m), Lianghekou on Yalong River (with a dam height of 295m), etc.

The scientific and technical achievements of Nuozhadu Hydropower Projects won six Second Prizes of National Science and Technology Progress Award, and more than ten provincial and ministerial science and technology progress awards. The project won a number of grand prizes both at home and abroad such as the International Rockfill Dam Milestone Award, FIDIC Engineering Excellence Award, Tien-yow Jeme Civil Engineering Prize, and Gold Award of National Excellent Investigation and Design for Water Conservancy and Hydropower Engineering. The Nuozhadu Hydropower Project is a landmark project for high core rockfill dams in China from synchronization to taking the lead in the world!

The Nuozhadu Hydropower Project is not only featured by innovations in the complex works, but also a large number of technological innovations and applications in mechanical and electrical engineering, reservoir engineering, and ecological engineering. Through regulation and storage, it has played a major role in mitigating droughts and controlling flood in downstream areas and guaranteeing navigation channels. By taking a series of environmental protection measures, it has realized the hydropower development and eco-environmental protection in a harmonious manner; with an annual energy production of 23,900 GW · h green and clean energy, the Nuozhadu Hydropower Project is one of major strategic projects of China to implement *West-to-East Power Transmission* and to form a new economic development zone in the Lancang River Basin which converts the resource advantages in the western region into economic advantages. Therefore, the Nuozhadu Hydropower Project is a veritable great power of China in all aspects!

This book systematically summarizes the scientific research and technical achievements of the complex works, electro-mechanics, reservoir resettlement, ecology and safety of Nuozhadu Hydropower Project. The book is full of detailed cases and content, with the high academic value. I believe that the publi-

cation of this book is of important theoretical significance and practical value to promote the development of ultra-high embankment dams and hydropower engineering in China. In addition, it will also provide useful experiences and references for the practitioners of design, construction and management in hydropower engineering. As the technical director of the Employer of Nuozhadu Hydropower Project, I am very delighted to witness the compilation and publication of this book, and I am willing to recommend this book to readers.

Ma Hongqi, Academician of Chinese Academy of Engineering

Nov, 2020

Preface II

Learning that the book *Pillars of a Great Powers-Super Hydropower Project of China Nuozhadu Volume* will soon be published, I am delighted to prepare a preface.

Embankment dams have been widely used and developed rapidly in hydropower development due to their strong adaptability to geological conditions, availability of material sources from local areas, full utilization of excavated materials, less consumption of cement and favorable economic benefits. For highland and gorge areas of southwest China in particular, the advantages of embankment dams are particularly obvious due to the constraints of access, topographical and geological conditions. Over the past three decades, with the completion of a number of landmark projects of high embankment dams, the development of embankment dams has made remarkable achievements in China.

As a pioneer in the field of hydropower investigation and design in China, POWERCHINA Kunming Engineering Corporation Limited has the traditional technical advantages in the design of the embankment dams. Since 1950s, POWERCHINA Kunming has successfully implemented the core wall dam of the Maojiacun Reservoir (with a maximum dam height of 82.5m), known as "the first earth dam in Asia" at that time and has forged an indissoluble bond with the embankment dams. In the 1980s, the core wall rockfill dam of Lubuge Hydropower Project (with a maximum dam height of 103.8m) was featured by a number of indicators up to the leading level in China and approaching the international advanced level in the same period. The project won the Gold Awards both for Investigation and Design of National Excellent Project; in the 1990s, the concrete faced rockfill dam (CFRD) of the Tianshengqiao 1 Hydropower Project (with a maximum dam height of 178m) ranked first in Asia and second in the world in terms of similar dam types, and pushed China's CFRD

construction technology to a new step and won the Gold Award of Investigation and Silver Award of Design of National Excellent Project. These projects represent the highest construction level of the of embankment dams in China and play a key role in promoting the development of technology of embankment dams in China.

The Nuozhadu Hydropower Project represents the highest construction level of embankment dams in China. Before the completion of the Project, China had built few core wall rockfill dams with a height of more than 100m, and the highest one is Xiaolangdi Dam (160m). The height of Nuozhadu Dam is more than 100m, which exceeds the scope of China's applicable specifications in force. The existing dam filling technology and experience can no longer meet the demands for extra-high core wall rockfill dam. Under the conditions of high head, large volume, and large deformation, the extra-high core wall rockfill dam faced great challenges in terms of seepage stability, deformation stability, dam slope stability and seismic safety, for which systematic and in-depth studies are required. An Industry-University-Research Collaboration Team, led by Zhang Zongliang, the chief engineer of POWERCHINA Kunming Engineering Corporation Limited and National Engineering Design Master, has carried out more than ten years of research and development and engineering practice. The team has achieved a lot of innovations in such technological fields as impermeable soils mixed with artificially crushed rocks and gravels, application of soft rock for the dam shell on the upstream face, static and dynamic constitutive models for soil and rock materials, hydraulic fracturing mechanism of the core wall, calculation and analysis method of cracks, a set of design criteria, and the comprehensive safety evaluation system, which have reached the international leading level and ensured the safe construction of the dam. The dam is operating well, and the seepage flow and settlement of the dam are both far smaller than those of similar projects built at home and abroad, and it is e-valuated as a *Faultless Project* by the Academician Tan Jingyi.

In terms of dam construction technology, I am also honored to lead the Tianjin University team to participate in the research and development work and put forward the concept of controlling the construction quality of high embankment dams based on information technology, and research and solve the

key technologies for real-time monitoring of construction quality of high core rockfill dams, such as the real-time monitoring technology of the transportation process for dam-filling materials to the dam and the real-time monitoring technology of dam filling and rolling, and research and develop the information monitoring system, realize the fine control of quality and safety for the high embankment dams; the achievements won the second prize of National Science and Technology Progress Award, representing the technological innovations in the construction of water conservancy and hydropower engineering in China. The dam is the first digital dam in China, and the technology has been successfully applied in a number of 300m-high extra high embankment dams such as Changhe Dam, Lianghekou Dam and Shuangjiangkou Dam.

I made a number of visits to the site during the construction of the Nuozhadu Hydropower Project, and it is still vivid in my mind. The project has kept precious wealth for hydropower development in China, including practicing the concept of green development, implementing the measures for environmental protection and soil and water conservation, effectively protecting local fish and rare plants, generating remarkable benefits of significant energy saving and emission reduction, significant benefits of drought resistance, flood control and navigation, and promoting the notable results of regional economic development. Nuozhadu Project will surely be a milestone project in the hydropower technology development of China!

This book is a systematic summary of the research and practice of the Nuozhadu HPP Project by the author and his team, and a high-level scientific research monograph, with complete system and strong professionalism, featured by integration of theory with practice, and full contents. I believe that this book can provide technical reference for the professionals who participate in the water conservancy and hydropower engineering, and provide innovative ideas for relevant scientific researchers. Finally the book is of high academic values.

Zhong Denghua, Academician of Chinese Academy of Engineering
Jan, 2021

Foreword

Nuozhadu Hydropower Station is located in the lower reaches of Lancang River at the junction of Cuiyun District and Lancang County, Pu'er City, Yunnan Province. It is the fifth level of eight cascade planning for the middle and lower reaches of Lancang River. The water retaining structure of Nuozhadu Hydropower Station is a core rockfill dam with a maximum dam height of 261.5m, which belongs to a 300m super high core rockfill dam. More than 8400 monitoring instruments (points) have been installed in the safety monitoring project of Nuozhadu Hydropower Station. All the designed quantities have been completed, and the intact rate of instruments is 95%. The monitoring data provided is systematic and complete, which can achieve comprehensive and dynamic monitoring. The monitoring results have been used as the basis for guiding construction, evaluating the operation status of buildings and design feedback analysis.

For the ultra-high core rockfill dam, its safety monitoring technology has exceeded the existing domestic standards and technical level, especially in the aspects of monitoring method, instrument range, instrument installation and embedding technology and instrument cable protection. At the same time, as an important part of the whole life cycle of hydropower project, there is no engineering application experience to follow.

Since the feasibility study of Nuozhadu Hydropower Station was carried out, the key technology of safety monitoring, safety evaluation and early warning research were carried out by Kunming Survey and Design Institute Co., Ltd. of China Power Construction Group, together with domestic scientific research institutes and universities. The main research results are summarized as follows:

(1) New monitoring instruments such as four pipe water pipe type settle-

ment meter and electric measuring beam type settlement instrument are improved and developed. String type settlement meter, shear deformation meter, 500mm super large range potentiometer displacement meter and six direction earth pressure gauge group are applied innovatively to realize the internal settlement of upstream rockfill, internal settlement of core wall with multi-sensor data fusion, core wall and filter and concrete cushion the relative deformation and spatial stress of the core wall are monitored.

(2) A large-scale safety monitoring automation system for 300m high core rockfill dam is developed, which integrates measuring robot, GNSS monitoring system and internal automation system.

(3) Based on the monitoring data of Nuozhadu and other typical projects, this paper analyzes and evaluates the dam safety, summarizes the development and distribution laws of deformation, seepage and stress, and establishes a variety of feedback analysis methods to carry out permeability coefficient inversion, dam foundation seepage calculation analysis, dam material model parameter inversion analysis, and high core wall rockfill dam stress and deformation analysis safety evaluation.

(4) In addition, the safety index of each stage, the comprehensive evaluation index and the safety level of the dam are put forward. The development framework of safety evaluation and early warning management system is constructed, and the monitoring index and early warning system are organically integrated to form a rigorous, reliable and practical safety evaluation and early warning information management system for high earth rockfill dams.

This book mainly summarizes the above key technological innovations. These technological innovations have been applied to Nuozhadu Hydropower Project, and solved the technical problems of safety monitoring, monitoring results back analysis and safety evaluation, safety early warning and emergency plan and other related technical problems. Since Nuozhadu Hydropower Station was impounded in November 2011, it has experienced four flood periods. The highest reservoir water level exceeded the normal storage level in 2013 and 2014, and the water retaining head exceeded 252m. The results of initial operation and safety monitoring of the power station show that the indexes of the project are in good agreement with the design, and the project runs well. It has

a good reputation and brand advantage in the engineering field of China. The monitoring system of Nuozhadu Hydropower Station plays an important role in safety during construction, design feedback and safety monitoring during operation. At the same time, Nuozhadu safety achievements have been partially applied to the under construction and proposed ultra-high core rockfill dams (such as Shuangjiangkou Hydropower Station of Dadu River and Lianghekou Hydropower Station of Yalong River, etc.), which not only improves the technical level of dam monitoring in China, but also provides important technical support and reference for the subsequent construction of high earth rock fill dams.

The first chapter is written by Zou Qing; the second chapter is written by Liu Wei, Cai Yingbing and Shi Junwen; the third chapter is written by Zhang Libing, Yang Shanshan, Zhang Shuai and Qin Shanshan; the fourth chapter is written by Yu Yuzhen and Yin Yin ; the fifth chapter is written by Zou Qing and Yang Shanshan; the whole book is edited by Zou Qing and reviewed by Zou Qing, Tan Zhiwei, Yu Yuzhen and Zhao Zhiyong.

Many of the achievements cited in this book are the special designs, special topics and scientific research achievements of the feasibility study and bidding construction drawing design and implementation stage of Nuozhadu Hydropower Station completed by China Power Construction Group Kunming Survey, Design and Research Institute Co. , Ltd. , including the cooperation achievements of scientific research cooperation units such as Tsinghua University and Nanjing NARI Group Co. , Ltd. We would like to express our sincere gratitude to the above units for their strong support and help from the hydropower station construction unit Huaneng Lancang River Hydropower Co. , Ltd!

In the process of compiling this book, the leaders and colleagues at all levels of Power Construction Group Kunming Survey, Design and Research Institute Co. , Ltd. have been strongly supported and helped. I would like to express my heartfelt thanks here!

Limited to the level of the author, mistakes are inevitable, please criticize and correct!

Editor
Nov, 2020

Contents

Preface Ⅰ

Preface Ⅱ

Foreword

Chapter 1　Overview ·· 1

1. 1　Safety monitoring and evaluation status of high earth rock dams at home
and abroad ·· 2

1. 2　Overview of research and application of safety monitoring and evaluation
technology for Nuozhadu Hydropower Station ························· 4

Chapter 2　Safety monitoring system design overview ····················· 7

2. 1　Safety monitoring system of core rockfill dam ······················ 8

2. 2　Safety monitoring system of water diversion and power generation system ··· 18

2. 3　Spillway safety monitoring system ····························· 20

2. 4　Safety monitoring system of spillway tunnel ····················· 21

2. 5　Safety monitoring system for slope and landslide near dam bank ········· 22

2. 6　Safety monitoring automation system ························· 24

Chapter 3　Key technology of safety monitoring ····················· 31

3. 1　Internal settlement deformation monitoring ····················· 32

3. 2　Dislocation deformation monitoring ························· 40

3. 3　Spatial stress monitoring of core wall ························· 43

3. 4　Monitoring automation system ····························· 45

Chapter 4　Safety evaluation and early warning information management system ········· 57

4. 1　System structure planning ····························· 58

4. 2　Basic principle ····························· 59

4. 3　Overall scheme of the system ····························· 67

4. 4　Technical architecture ····························· 69

4. 5　System function planning ····························· 69

4. 6　System features ····························· 71

4. 7　Function module realization ····························· 71

    4. 8   Dam back analysis and safety assessment ·· 107

Chapter 5   Summary and prospect ·· 131

    5. 1   Summary ··· 132

    5. 2   Outlook ··· 132

References ·· 134

Index ·· 135

国家出版基金项目
NATIONAL PUBLICATION FOUNDATION

主　编　张宗亮
副主编　刘兴宁　袁友仁

大国重器

中国超级水电工程·糯扎渡卷

安全监测与评价创新技术

邹　青　谭志伟　于玉贞　赵志勇　等　编著

中国水利水电出版社
www.waterpub.com.cn
·北京·

内 容 提 要

本书系国家出版基金项目——《大国重器 中国超级水电工程·糯扎渡卷》之《安全监测与评价创新技术》分册。本书共 5 章，全面介绍了糯扎渡水电工程安全监测系统设计、安全监测关键技术、安全评价及预警信息管理系统，总结了高心墙堆石坝监测仪器工作原理及应用、枢纽工程监测自动化系统集成、高心墙堆石坝安全评价与预警等方面的创新技术。这些创新技术成功应用于糯扎渡水电工程的安全监测与评价，为水电站的安全鉴定和顺利投产发电作出了巨大贡献，为国内拟建的一批超高心墙堆石坝提供了参考和借鉴。

本书可供从事水利水电工程安全监测设计与施工的技术人员使用，也可供高等院校和科研院所从事工程安全预警及评价研究的科技人员参考。

图书在版编目（CIP）数据

安全监测与评价创新技术 / 邹青等编著. -- 北京：
中国水利水电出版社，2021.2
　（大国重器 中国超级水电工程. 糯扎渡卷）
ISBN 978-7-5170-9453-1

Ⅰ．①安… Ⅱ．①邹… Ⅲ．①水利水电工程－安全监测－安全评价－云南 Ⅳ．①TV752.74

中国版本图书馆CIP数据核字(2021)第040865号

书　　名	大国重器 中国超级水电工程·糯扎渡卷 **安全监测与评价创新技术** ANQUAN JIANCE YU PINGJIA CHUANGXIN JISHU
作　　者	邹青 谭志伟 于玉贞 赵志勇 等 编著
出版发行	中国水利水电出版社 （北京市海淀区玉渊潭南路 1 号 D 座　100038） 网址：www. waterpub. com. cn E - mail：sales@waterpub. com. cn 电话：(010) 68367658（营销中心）
经　　售	北京科水图书销售中心（零售） 电话：(010) 88383994、63202643、68545874 全国各地新华书店和相关出版物销售网点
排　　版	中国水利水电出版社微机排版中心
印　　刷	北京印匠彩色印刷有限公司
规　　格	184mm×260mm　16 开本　10.25 印张　249 千字
版　　次	2021 年 2 月第 1 版　2021 年 2 月第 1 次印刷
印　　数	0001—1500 册
定　　价	**100.00 元**

《安全监测与评价创新技术》
编 撰 人 员

主　　编　　邹　青

副 主 编　　谭志伟　　于玉贞　　赵志勇

参编人员　　张礼兵　　刘　伟　　殷　殷　　张　帅　　杨姗姗

　　　　　　吴永康　　王翔南　　周墨臻　　费建波　　袁会娜

　　　　　　蔡莹冰　　施俊稳　　胡灵芝　　张丙印　　介玉新

　　　　　　董威信　　陈　涛　　覃珊珊　　冯燕明　　赵世明

　　　　　　和丽东

土石坝是历史最为悠久的一种坝型，也是应用最为广泛和发展最快的一种坝型。据统计，世界已建的100m以上的高坝中，土石坝占比76%以上；新中国成立70年来，我国建设了约9.8万座大坝，其中土石坝占95%。

20世纪50年代，我国先后建成官厅、密云等土坝；60年代，建成当时亚洲第一高的毛家村土坝；80年代以后，建成碧口（坝高101.8m）、鲁布革（坝高103.8m）、小浪底（坝高160m）、天生桥一级（坝高178m）等土石坝工程；进入21世纪，中国土石坝筑坝技术有了质的飞跃，陆续建成了洪家渡（坝高179.5m）、三板溪（坝高185m）、水布垭（坝高233m）等高土石坝，标志着我国高土石坝工程建设技术已步入世界先进行列。

而糯扎渡心墙堆石坝无疑是我国高土石坝领域的国际里程碑工程。电站总装机容量585万kW，建成时为我国第四大水电站，总库容237亿m³，坝高261.5m，为中国最高（世界第三）土石坝，比之前最高的小浪底心墙堆石坝提升了100m的台阶。开敞式溢洪道最大泄洪流量31318m³/s，泄洪功率6694万kW，居世界岸边溢洪道之首。通过参建各方的共同努力和攻关，在特高心墙堆石坝筑坝材料勘察、试验与改性，心墙堆石坝设计准则及安全评价标准，施工质量数字化监控及快速检测技术取得诸多具有我国自主知识产权的创新成果。这其中，最为突出的重大技术创新有两个方面：一是首次揭示了超高心墙堆石坝土料均需改性的规律，系统提出掺人工碎石进行土料改性的成套技术。糯扎渡天然土料黏粒含量偏多，砾石含量偏少，含水率偏高，虽然能满足防渗的要求，但不能满足超高心墙堆石坝强度和变形要求，因此掺加35%的人工级配碎石对天然土料进行改性，提高了心墙土料的强度和变形模量，实现了心墙与堆石料的变形协调。二是研发了高土石坝筑坝数字化质量控制技术，开创了我国水利水电工程数字化智能化建设的先河。过去的土石坝施工质量监控采用人工旁站监理，工作量大，效率低，容易出现疏漏环节。在糯扎渡水电站建设中，成功研发了"数字大坝"信息技术，对大坝填筑碾压全过程进行全天候、精细化、在线实时监控，确保了总体积达3400余万m³大坝

优质施工，是世界大坝建设质量控制技术的重大创新。

糯扎渡提出的高土石坝心墙土料改性和"数字大坝"等核心技术，从根本上保证了大坝变形稳定、渗流稳定、坝坡稳定和抗震安全，工程蓄水至今运行状况良好，渗漏量仅为 15L/s，为国内外同类工程最小。系列科技成果大幅度提升了中国土石坝的设计和建设水平，广泛应用于后续建设的特高土石坝，如大渡河长河坝（坝高 240m）、双江口（坝高 314m），雅砻江两河口（坝高 295m）等。糯扎渡水电站科技成果获国家科技进步二等奖 6 项、省部级科技进步奖 10 余项，工程获国际堆石坝里程碑工程奖、菲迪克奖、中国土木工程詹天佑奖和全国优秀水利水电工程勘测设计金质奖等诸多国内外工程界大奖，是我国高心墙堆石坝在国际上从并跑到领跑跨越的标志性工程！

糯扎渡水电站不仅在枢纽工程上创新，在机电工程、水库工程、生态工程等方面也进行了大量的技术创新和应用。通过水库调蓄，对缓解下游地区旱灾、洪灾和保障航运通道发挥了重大作用；通过一系列环保措施，实现了水电开发与生态环境保护相得益彰；电站年均提供 239 亿 kW·h 绿色清洁能源，是中国实施"西电东送"的重大战略工程之一，在澜沧江流域形成了新的经济发展带，把西部资源优势转化为经济优势，带动了区域经济快速发展。因此，无论从哪方面来看，糯扎渡水电站都是名副其实的大国重器！

本卷丛书系统总结了糯扎渡枢纽、机电、水库移民、生态、工程安全等方面的科研、技术成果，工程案例具体，内容翔实，学术含金量高。我相信，本卷丛书的出版对于推动我国特高土石坝和水电工程建设的发展具有重要理论意义和实践价值，将会给广大水电工程设计、施工和管理人员提供有益的参考和借鉴。本人作为糯扎渡水电站建设方的技术负责人，很高兴看到本卷丛书的编辑出版，也非常愿意将其推荐给广大读者。

是为序。

中国工程院院士

2020 年 11 月

获悉《大国重器　中国超级水电工程·糯扎渡卷》即将付梓，欣然为之作序。

土石坝由于其具有对地质条件适应性强、能就地取材、建筑物开挖料利用充分、水泥用量少、工程经济效益好等优点，在水电开发中得到了广泛应用和快速发展，尤其是在西南高山峡谷地区，由于受交通及地形地质等条件的制约，土石坝的优势尤为明显。近30年来，随着一批高土石坝标志性工程的陆续建成，我国的土石坝建设取得了举世瞩目的成就。

作为我国水电勘察设计领域的排头兵，土石坝工程是中国电建昆明院的传统技术优势，自20世纪中叶成功实践了当时被誉为"亚洲第一土坝"的毛家村水库心墙坝（最大坝高82.5m）起，中国电建昆明院就与土石坝工程结下了不解之缘。80年代的鲁布革水电站心墙堆石坝（最大坝高103.8m），工程多项指标达到国内领先水平，接近达到国际同期先进水平，获得国家优秀工程勘察金质奖和设计金质奖；90年代的天生桥一级水电站混凝土面板堆石坝（最大坝高178m），为同类坝型亚洲第一、世界第二，使我国面板堆石坝筑坝技术迈上新台阶，工程获国家优秀工程勘察金质奖和设计银质奖。这些工程都代表了我国同时代土石坝建设的最高水平，对推动我国土石坝技术发展起到了重要作用。

而糯扎渡水电站则代表了目前我国土石坝建设的最高水平。该工程在建成前，我国已建超过100m高的心墙堆石坝较少，最高为160m的小浪底大坝，糯扎渡大坝跨越了100m的台阶，超出了我国现行规范的适用范围，已有的筑坝技术和经验已不能满足超高心墙堆石坝建设的需求。"高水头、大体积、大变形"条件下，超高心墙堆石坝在渗流稳定、变形控制、抗滑稳定以及抗震安全方面都面临重大挑战，需开展系统深入研究。以中国电建昆明院总工程师、全国工程勘察设计大师张宗亮为技术总负责的产学研用项目团队开展了十余年的研发和工程实践，在人工碎石掺砾防渗土料成套技术、软岩堆石料在上游坝壳的利用、土石料静动力本构模型、心墙水力劈裂机制、裂

缝计算分析方法、成套设计准则、施工质量实时控制技术、安全综合评价体系等方面取得创新成果，均达到国际领先水平，确保了大坝的成功建设。大坝运行良好，渗流量和坝体沉降均远小于国内外已建同类工程，被谭靖夷院士评价为"无瑕疵工程"。

本人主持了糯扎渡水电站高土石坝施工质量实时控制技术的研发工作，建设过程中十余次到现场进行技术攻关，实现了高土石坝质量与安全精细化控制，成功建成我国首个数字大坝工程。

糯扎渡水电站工程践行绿色发展理念，实施环保、水保各项措施，有效地保护了当地鱼类和珍稀植物，节能减排效益显著，抗旱、防洪、通航效益巨大，带动地区经济发展成效显著，这些都是这个工程为我国水电开发留下来的宝贵财富。糯扎渡水电站必将成为我国水电技术发展的里程碑工程！

本卷丛书是作者及其团队对糯扎渡水电站研究和实践的系统总结，内容翔实，是一套体系完整、专业性强的高水平科研工程专著。我相信，本卷丛书可以为广大水利水电行业专业人员提供技术参考，也能为相关科研人员提供更多的创新性思路，具有较高的学术价值。

中国工程院院士　钟登华

2021 年 1 月

糯扎渡水电站位于云南省普洱市思茅区和澜沧县交界处的澜沧江下游干流上，是澜沧江中下游河段 8 个梯级规划的第五级。糯扎渡水电站挡水建筑物为心墙堆石坝，最大坝高 261.5m，属于 300m 级超高心墙堆石坝。糯扎渡水电站安全监测工程共安装埋设监测仪器 8400 多支（点），完成全部设计计量，仪器完好率为 95％。提供的监测数据系统、完整，实现了全面动态监控，监测成果已作为指导施工、评估各建筑物运行状态和设计反馈分析的依据。

对于超高心墙堆石坝来说，其安全监测技术已超出国内现有规范和技术水平，特别是监测方法、仪器量程、仪器安装埋设工艺及仪器电缆保护等方面均有很大技术难度。同时安全评价及预警系统作为水电工程全生命周期的重要组成部分，当时尚无工程应用经验可循。

从糯扎渡水电站开展可行性研究开始，中国电建集团昆明勘测设计研究院有限公司（以下简称"昆明院"）联合国内科研院所和高等院校等单位开展了安全监测关键技术及安全评价与预警研究。主要研究成果归纳如下：

（1）改进研发了四管式水管式沉降仪、电测式横梁式沉降仪等新型监测仪器，创新性地应用弦式沉降仪、剪变形计、500mm 超大量程电位器式位移计、六向土压力计组等，实现了上游堆石体内部沉降、多传感器数据融合的心墙内部沉降、心墙与反滤及混凝土垫层之间的相对变形、心墙的空间应力等监测。

（2）开发了集测量机器人、GNSS 变形监测系统、内观自动化系统于一体的 300m 级高心墙堆石坝大型安全监测自动化系统。

（3）依托糯扎渡水电站等典型工程的监测资料，对大坝进行分析与安全评价，总结了变形、渗流及应力等发展与分布规律，同时建立多种反馈分析方法，对大坝进行了渗透系数反演及坝体坝基渗流计算分析、坝料模型参数反演分析、高心墙堆石坝应力变形分析与安全评价。

（4）研究了整体和分项两级大坝安全监控指标，提出了建设期、蓄水期及运行期的安全评价指标，构建了实用的综合安全指标体系，并对各种级别

的警况提出相应的应急预案与防范措施。构建了安全评价与预警管理系统开发框架，将监控指标、预警体系等有机地集成起来，形成理论严密且可靠实用的高土石坝安全评价与预警信息管理系统。

本书主要针对上述各项关键技术创新进行了总结。这些技术创新应用于糯扎渡水电站，很好地解决了超高心墙堆石坝安全监测、监测成果反演分析及安全评价、安全预警及应急预案等相关技术难题。糯扎渡水电站自 2011 年 11 月下闸蓄水以来，历经 4 个洪水期考验，最高库水位在 2013 年及 2014 年连续两年超过正常蓄水位，挡水水头超过 252m。电站初期运行及安全监测成果表明，工程各项指标与设计吻合较好，工程运行良好，在中国工程界有良好的信誉和品牌优势。糯扎渡水电站监测系统在工程施工期安全、设计反馈、运行期安全监控等方面发挥了重大作用。同时，糯扎渡水电站安全成果已部分应用于在建超高心墙堆石坝（如大渡河双江口和雅砻江两河口水电站等），在提升我国大坝监测技术水平的同时，为后续高土石坝的建设提供了重要的技术支撑和借鉴。

本书第 1 章由邹青编写，第 2 章由刘伟、蔡莹冰、施俊稳编写，第 3 章由张礼兵、杨姗姗、张帅、覃珊珊编写，第 4 章由于玉贞、殷殷编写，第 5 章由邹青、杨姗姗编写，全书由邹青统稿，邹青、谭志伟、于玉贞、赵志勇审稿。

本书所引用的很多成果是昆明院在糯扎渡水电站可行性研究、招标施工图设计实施阶段完成的各专项设计、专题和科研成果，其中包含了科研合作单位如清华大学、南京南瑞集团公司等的合作成果，各项成果的形成均得到水电水利规划设计总院以及电站建设单位华能澜沧江水电股份有限公司等单位的大力支持和帮助，在此谨对以上单位表示诚挚的感谢！

本书编写过程中得到了昆明院各级领导和同事的大力支持和帮助，中国水利水电出版社也为此书出版付出了诸多辛劳，在此一并表示衷心感谢！

限于作者水平，错误在所难免，恳请批评指正。

编者

2020 年 11 月

目　录

序一

序二

前言

第1章　综述 ··· 1

1.1　国内外高土石坝安全监测与评价现状 ·· 2

1.2　糯扎渡水电站安全监测与评价技术研究与应用概述 ···································· 4

第2章　安全监测系统设计概述 ·· 7

2.1　心墙堆石坝安全监测系统 ··· 8

2.1.1　监测项目与内容 ·· 8

2.1.2　监测系统布置 ··· 8

2.2　引水发电建筑物安全监测系统 ··· 18

2.2.1　监测项目与内容 ··· 18

2.2.2　监测系统布置 ··· 18

2.3　溢洪道安全监测系统 ·· 20

2.3.1　监测项目与内容 ··· 20

2.3.2　监测系统布置 ··· 21

2.4　泄洪洞安全监测系统 ·· 21

2.4.1　监测项目与内容 ··· 21

2.4.2　监测系统布置 ··· 22

2.5　枢纽区边坡及近坝库岸滑坡体安全监测系统 ·· 22

2.5.1　监测项目与内容 ··· 22

2.5.2　监测系统布置 ··· 23

2.6　安全监测自动化系统 ·· 24

2.6.1　接入自动化的监测仪器 ·· 25

2.6.2　系统总体设计 ··· 25

第3章　安全监测关键技术 ·· 31

3.1　内部沉降变形监测 ·· 32

3.1.1　心墙沉降监测 ··· 32

　　　3.1.2　上游堆石体沉降监测 ……………………………………………… 36

　　　3.1.3　下游堆石体沉降监测 ……………………………………………… 38

　　3.2　错动变形监测 ………………………………………………………………… 40

　　　3.2.1　心墙与反滤之间的错动变形监测 ………………………………… 40

　　　3.2.2　心墙与混凝土垫层之间的相对变形监测 ………………………… 42

　　3.3　心墙空间应力监测 …………………………………………………………… 43

　　　3.3.1　六向土压力计组 …………………………………………………… 43

　　　3.3.2　监测成果 …………………………………………………………… 44

　　3.4　监测自动化系统 ……………………………………………………………… 45

　　　3.4.1　心墙堆石坝表面变形监测自动化 ………………………………… 45

　　　3.4.2　枢纽工程内观自动化 ……………………………………………… 50

　　　3.4.3　子系统及集成 ……………………………………………………… 53

第4章　安全评价及预警信息管理系统 ……………………………………………… 57

　　4.1　系统结构规划 ………………………………………………………………… 58

　　　4.1.1　整体结构 …………………………………………………………… 58

　　　4.1.2　模块简述 …………………………………………………………… 58

　　4.2　基本原理 ……………………………………………………………………… 59

　　　4.2.1　功能概述 …………………………………………………………… 59

　　　4.2.2　数值计算模型 ……………………………………………………… 60

　　　4.2.3　反演分析方法 ……………………………………………………… 61

　　4.3　系统整体方案 ………………………………………………………………… 67

　　　4.3.1　业务处理与数据采集 ……………………………………………… 68

　　　4.3.2　数据查询与单据输出 ……………………………………………… 68

　　　4.3.3　综合查询与分析对比 ……………………………………………… 68

　　　4.3.4　关键指标评价与预报警 …………………………………………… 68

　　4.4　技术架构 ……………………………………………………………………… 69

　　　4.4.1　数据服务层 ………………………………………………………… 69

　　　4.4.2　应用服务层 ………………………………………………………… 69

　　　4.4.3　应用交互层 ………………………………………………………… 69

　　4.5　系统功能规划 ………………………………………………………………… 69

　　　4.5.1　系统管理 …………………………………………………………… 69

　　　4.5.2　监测数据和工程信息管理 ………………………………………… 69

　　　4.5.3　数值计算管理 ……………………………………………………… 70

　　　4.5.4　反演分析管理 ……………………………………………………… 70

　　　4.5.5　安全预警与应急预案 ……………………………………………… 70

　　　4.5.6　巡视记录与文档管理 ……………………………………………… 70

　　　4.5.7　数据库及数据管理 ………………………………………………… 70

4.6　系统特色 ·· 71

4.7　功能模块实现 ·· 71

　　4.7.1　系统管理 ·· 71

　　4.7.2　基础信息管理 ·· 72

　　4.7.3　监测数据管理与分析 ·································· 73

　　4.7.4　监测数据合理性判断 ·································· 74

　　4.7.5　工程信息管理与查询 ·································· 77

　　4.7.6　数值计算管理 ·· 78

　　4.7.7　反演分析管理 ·· 82

　　4.7.8　土石坝安全指标体系 ·································· 82

4.8　大坝反演分析及安全评价 ································· 107

　　4.8.1　变形反演分析 ······································· 108

　　4.8.2　心墙掺砾料渗透系数反演 ······························ 115

　　4.8.3　高心墙堆石坝应力变形分析 ······························ 116

　　4.8.4　安全评价 ··· 127

第 5 章　总结与展望 ··· 131

5.1　总结 ··· 132

5.2　展望 ··· 132

参考文献 ··· 134

索引 ··· 135

第 1 章

综述

1.1 国内外高土石坝安全监测与评价现状

安全监测是掌握高土石坝运行性态、保证大坝安全运用的重要措施，也是检验设计成果、检查施工质量和了解大坝的各种物理量变化规律的有效手段。我国西部地区水能资源丰富，已建、在建和拟建一批高坝大库的大型水电站，其中很大一部分坝型为高心墙堆石坝，如国内已建和在建的黄河小浪底水利枢纽工程（坝高160m）、澜沧江糯扎渡水电站（坝高261.5m）、金沙江其宗水电站（坝高310m）、大渡河双江口水电站（坝高314m）、雅砻江两河口水电站（坝高295m）等。

安全监测作为工程安全的"眼睛"，是每个工程必设的项目，特别是对大坝尤为重要，《水电站大坝运行安全管理规定》第四条规定："对于坝高70m以上的高坝或者监测系统复杂的中坝、低坝，项目法人应当按照国家有关规定，组织有关单位对水电站大坝监测系统进行专项设计、专项审查；在工程竣工验收时，进行专项检查验收"。安全监测不仅是工程安全评价、各阶段安全鉴定和验收的重要组成部分，还能反馈设计和指导施工等。目前国内已建心墙堆石坝的安全监测，其技术在相对较低的大坝中的应用较为成熟，但很难满足超高坝的要求。对于超高心墙堆石坝来说，其安全监测技术已超出国内现有规范和技术水平，特别是监测方法、仪器量程、仪器安装埋设工艺及仪器电缆保护等方面均有很大技术难度。

高土石坝都布置了变形、渗流、应力应变等多种监测仪器，监测点往往多达上千个，数据采集、处理、分析工作量很大。由于各种条件的限制，水电站和水库管理单位的技术人员很难进行及时的处理，一般要委托有关单位用数月甚至一年以上时间来完成，这样就无法将分析成果及时用于监控大坝的安全，也就不能及时发现隐患，以致延误时机，造成不必要的损失。尤其是汛期需要及时了解大坝安全状况的情况下，这种矛盾显得更为突出。与此同时，为进行大坝安全定期检查，上级主管部门和水电站或水库管理单位需要花费大量的人力、财力和时间。为此，建立大坝安全监控评价系统对采集的数据进行快速的处理、分析已成为大坝安全管理不可缺少的方面。其中拟定安全监控指标又是一项关键工作，安全监控指标是监控安全的关键指标，它不仅可以快速判断大坝的安全性态，而且给大坝管理带来极大的方便，对于监控和保证大坝的安全运行及评价大坝的工作状态具有重要意义。

目前大坝的健康诊断理论主要有馈控理论和综合分析方法。基于馈控理论的健康诊断方法是根据监控模型对监测资料进行统计，分析大坝的安全变化趋势，并进行参数反演分析；融合监控模型和反演分析成果，通过计算力学的分析计算与演绎，并从中挖掘水工建筑物运行的规律和信息，据此反馈和优化设计施工，从而馈控水工建筑物的安全运行。

国内外病险坝的逐渐增多，要求实时或及时掌握大坝的安全状况，而其影响因素又极其复杂，工程界发现单用监控模型或反分析等理论和方法，对水工结构安全状况做出分析评价和监控有其局限性。随着自动化监测技术、现代计算理论和方法、人工智能、计算机

科技等的发展，从 20 世纪末，国内外开始研发水工结构安全综合分析评价专家系统。以意大利结构和模型研究所（ISMES）为代表，其早期开发的微机辅助监测系统可实现监测数据的实时存储、更新和图形显示，并应用回归统计模型、确定性模型和混合模型进行简单的对比分析。其后将人工智能技术应用于大坝安全管理，并与 Internet 连接，用于管理、显示、解析监测数据，检索设计、试验及专家对大坝的评价等资料，还有 Web 浏览器供用户访问等。我国在 20 世纪 80 年代，结合"七五"和"八五"国家科技攻关项目，研发了基于微机的大坝监测数据管理系统，主要用于存储和管理监测数据、制作图表、统计分析及识别异常值等。其中河海大学与原电力工业部大坝安全监察中心合作，研发了"一机四库"（综合推理机和知识库、方法库、工程数据库、图库）的大坝安全综合评价专家系统，并开发了重大水工混凝土结构病害诊断预警系统。

张宗亮等开发了高土石坝工程安全评价与预警信息管理系统。该系统由系统管理模块、安全指标模块、监测数据与工程信息模块、数值计算模块、反演分析模块、安全预警与应急预案模块、数据库及管理模块共 7 个模块构成，已成功应用于 261.5m 高的糯扎渡高心墙堆石坝工程的安全评价与预警信息管理。

近年来，随着人工智能和信息科学的发展，混沌理论、人工神经网络、小波分析、模糊数学等正逐步被运用到大坝健康诊断的建模中，这些新的理论丰富了大坝安全综合评价的方法，为大坝健康诊断研究工作开辟了新的途径。同时，在大坝安全综合评价方面，人工神经网络的应用刚刚起步，主要工作集中在数据处理、模型预报等方面。目前，对于大坝监测资料的分析诊断和综合评价方法正逐步趋向多元化、智能化。

目前，我国的高土石坝建设虽然取得了举世瞩目的成就，但是部分工程出现的问题也表明，目前在 200m 级以上的高土石坝的设计及安全运行中还存在一些亟待解决的问题，如筑坝材料的选用及结构优化，以及针对大坝变形、裂缝、渗流及地震安全的控制与对策的研究亟待加强。另外，国内外工程界对大坝的健康诊断，主要是对检测和监测等实测资料进行分析，然后对建筑物进行安全评价和监控，很少考虑大坝的性态演化过程、病变机理、各种因素的相互影响、多源信息的融合等。有些方法是针对低坝建立的，多不适用于高坝；很多理论是针对混凝土坝建立的，与混凝土坝相比，土石坝具有更多的不确定性，因而这些理论不一定适用或者实用性较差；很多检测方法过于简单，自动化程度低，精度较差，如面板裂缝、土坝裂缝检测，主要靠巡视发现，手工方法检测。

在大坝安全监控指标方面，国内外专家学者进行过深入研究。吴中如、顾冲时、郑东健等根据原型观测资料反馈大坝的安全监控指标，提出了建立安全监控指标的理论和方法，如小概率法、极限状态法、结构分析法等，并成功应用于佛子岭大坝和龙羊峡大坝；李民、李珍照等根据荷载的可能不利组合，计算出坝体变形的上、下限值，进而提出坝体变形的监控指标；李步娟等对重力坝在运行期间变形极限监控指标的表达公式、计算方法等做了有益的探讨。但上述研究多在混凝土坝方面，对堆石坝的研究不多，而且在实际工程中，拟定安全监控指标是十分复杂的问题，需要根据大坝结构特点及特性，用各种方法进行综合分析论证。变形监控指标的拟定则更为复杂，还需要依据实测资料进行全面深入的正反分析才能拟定。

我国于 20 世纪 80 年代就开展了大坝安全监控管理系统的研究，到了 90 年代，随着

计算机硬软件及网络通信技术的高速发展，大坝安全管理监控系统在功能上和性能上都有了较大的提高。21世纪新时期的人们治水思路已与以往不同，正在从工程水利向资源水利、从传统水利向现代水利方向转变。随着自动化监测技术、预测技术、反演分析、反馈分析、决策评价系统技术、数据库技术、网络技术的飞速发展，以及水库自动化系统实施和改造的兴起，大坝安全监控管理系统也逐渐由单机的简单数据分析系统，向局域网或远程网络的分布式分析评价系统方向发展。因此，利用现代计算机技术、网络技术、软件工程技术、水工安全监测和馈控技术，开发一套大坝安全监测实时反馈分析与评价预测系统，对水库大坝进行统一安全管理、监控、分析评价，更加及时、准确、有效地评估大坝安全状况，提高大坝安全的管理和决策水平，使我国大坝安全管理逐渐走向自动化、科学化和规范化，已经是当前高坝监测技术的发展趋势。

1.2 糯扎渡水电站安全监测与评价技术研究与应用概述

糯扎渡水电站位于云南省澜沧江中下游河段，是澜沧江中下游河段梯级规划二库八级电站的第五级，其装机容量、水库容积、发电量均属最大。枢纽区位于思茅地区，左岸是思茅市，右岸是澜沧县，思—澜公路通过坝址区。糯扎渡水库加入联合补偿调节后，将使梯级电站小湾、漫湾、大朝山、景洪水电站的保证出力提高，不仅对云南和送电地区的经济发展起到巨大的作用，而且能明显改善系统的运行条件。除经济效益外，对如此巨大的工程还要考虑社会效益，大坝稳定关乎下游人民生命财产的安全。因而，确保糯扎渡大坝施工期、蓄水期乃至运行期的全生命周期内的安全至关重要。

但高土石坝监测技术发展明显滞后于筑坝技术的发展，不少监测仪器的适应性、耐久性、抗冲击等性能仍停留在100m级坝高的水平，对于300m级的高土石坝传统监测仪器已难以适用。糯扎渡水电站心墙堆石坝最大坝高261.5m，其安全监测及评价与预警技术已超出国内已有规范和技术水平。为满足工程建设需要及保证大坝施工期和运行期的安全，需要对高心墙堆石坝的安全监测及评价与预警关键技术进行研究。为此，2006年3月至2013年5月，昆明院联合国内多家科研单位、高等院校和仪器生产厂开展了以下研究。

1. 300m级高心墙堆石坝安全监测关键技术研究

该技术研究包括上游堆石体、心墙内部沉降、下游堆石体监测方法及仪器设备研究；心墙与反滤之间错动变形、心墙与混凝土垫层之间相对变形监测仪器设备研究；心墙空间应力分布监测方法研究；集测量机器人、GNSS变形监测系统、内观自动化系统于一体的高心墙堆石坝大型安全监测自动化系统研究；四管式水管式沉降仪监测高心墙堆石坝下游堆石体内部沉降研究等。

2. 大坝工程安全评价与预警信息管理系统研究

针对糯扎渡水电站信息化管理系统建设的总体规划和大坝工程建设及运行实际情况，进行文献调研及资料搜集，并根据已有科研成果及现场监测资料，提出建设期、蓄水期及运行期的安全评价指标；对监测数据进行综合分析及合理评价，考虑时空效应结合有限元计算进行反演分析，获得坝料的合理参数，对大坝进行安全评价，并预测大坝在不同条件

下的性态及安全裕度；根据监测和分析成果修正完善不同时期、不同工况下大坝的各级警戒值和安全评价指标，提出相应的应急预案与防范措施。将以上各环节有机地集成起来，形成理论严密且可靠实用的大坝工程安全评价与预警信息管理系统。

通过上述研究，并经过糯扎渡水电站高心墙堆石坝的成功应用，经综合对比分析，糯扎渡水电站安全监测与评价主要技术创新点如下：

（1）采用四管式水管式沉降仪监测高心墙堆石坝下游堆石体内部沉降，以适应下游堆石体超长监测管线（超过300m）的内部沉降监测，该成果已获得国家知识产权局颁发的实用新型专利证书。

（2）首次采用弦式沉降仪对上游堆石体内部沉降变形进行监测，由于弦式沉降仪最大测量范围有限（小于70m），蓄水后主要采用渗压计，通过水位换算测得堆石体的沉降量。

（3）采用电测仪器横梁式沉降仪对心墙进行分层沉降监测，将传统人工监测方法改进为电测方法，该成果已获得国家知识产权局颁发的实用新型专利证书。

（4）率先将剪变形计引入心墙与反滤之间的错动变形监测。

（5）采用500mm超大量程的电位器式位移计（土体位移计组），并采用分段设置的递增方式，对心墙与混凝土垫层之间的相对变形进行监测。

（6）采用六向土压力计组对心墙的空间应力分布情况进行监测，为高坝工作状态分析和反馈设计提供可靠的基础资料。

（7）首次将测量机器人、GNSS变形监测系统、内观自动化系统进行整合与集成，实现了复杂条件下高精度与实时在线监测数据补偿，提高了系统的可靠性。

（8）研究提出了整体和分项两级大坝安全监控指标，为大坝安全评估和预警提供了支撑。

（9）首次建成了300m级高心墙堆石坝安全监测与预警系统，实现了与应急预案的联动。该系统集成了实时监测数据采集与动态反馈分析，不断修正和完善不同时期、不同工况下大坝安全评价指标，实现了大坝建设和运行期的实时安全评价。

糯扎渡水电站安全监测与评价创新技术成果与当时国内已有的成果进行了综合比较，见表1.2-1。

表1.2-1　　　　　　　　　　　技术成果综合比较表

项　目	糯扎渡水电站研究成果	已有的成果
监测自动化系统	集测量机器人、GNSS变形监测系统、内观自动化系统于一体的300m级高心墙堆石坝大型安全监测自动化系统	国内均为独立系统，无大规模使用和集成
安全监测、安全评价、预警及应急预案系统	安全监测系统与安全预警、应急预案系统的联动与集成	国内基本无
安全监控指标	采用整体安全指标、分项安全指标相互协调统一的方式作为300m级高心墙堆石坝安全监控指标	对于300m级高心墙堆石坝，尚属首次
上游堆石体内部沉降监测	（1）施工期：首次采用弦式沉降仪； （2）蓄水后：采用渗压计	国内基本无

项　目	糯扎渡水电站研究成果	已有的成果
心墙沉降监测	（1）人工监测：将磁性沉降环改进为不锈钢环，并改进测斜管埋设方法，提高了测量精度、可靠性和耐久性； （2）电测方法：采用横梁式沉降仪进行分层沉降监测	国内均采用磁性沉降环进行人工监测，测量精度和耐久性不好
下游堆石体内部沉降监测	（1）超过 300m 的超长监测管线； （2）将水管式沉降仪由传统三管式改进为四管式，提高了仪器精度和可靠性	监测管线长度小于 300m，一般采用三管式水管式沉降仪
心墙与反滤之间错动变形监测	率先采用剪变形计	国内尚无
心墙与混凝土垫层之间相对变形监测	（1）采用 500mm 超大量程的电位器式位移计； （2）采用分段设置的递增方式，提高了仪器成活率	位移计量程较小，往往失效

第 2 章

安全监测系统设计概述

2.1 心墙堆石坝安全监测系统

2.1.1 监测项目与内容

糯扎渡水电站心墙堆石坝为 1 级建筑物，坝高为国内已建心墙堆石坝之首，为了检验大坝的工程质量、监控大坝的安全运行，并且验证设计、指导施工，糯扎渡心墙堆石坝布设了齐全的监测项目，形成了完整的大坝安全监测系统。根据《土石坝安全监测技术规范》（DL/T 5259）的相关要求，参考鲁布革、小浪底、瀑布沟等国内类似土石坝工程的监测布置情况，结合该工程自身特点，确定了糯扎渡心墙堆石坝主要监测项目。其监测项目主要有以下几个方面：

(1) 巡视检查：包括大坝、上下游围堰等部位。

(2) 变形监测：包括坝体表面变形和内部变形监测、坝基深部变形监测及堆石体与防浪墙接缝开合度监测等。

(3) 渗流监测：包括坝体坝基浸润线监测、渗透压力监测、防渗效果监测、绕坝渗流监测和渗流量监测等。

(4) 应力监测：指堆石体和心墙料的土压力监测。

(5) 混凝土垫层监测：包括基础渗压监测、裂缝开合度监测和混凝土应力及温度监测等。

(6) 强震监测：包括地震反应监测和坝体抗震措施监测等。

(7) 环境量监测：包括上下游水位监测、库水温监测、气象监测及水质分析等。

2.1.2 监测系统布置

2.1.2.1 监测断面

根据心墙堆石坝的布置情况、坝基地质条件，监测仪器呈"3125"的布置格局，即布置 3 个横断面、1 个纵断面、2 个辅助断面，分 5 个高程进行监测。

3 个横断面分别为坝 0＋169.360（A—A 断面）、坝 0＋309.600（C—C 断面）、坝 0＋482.300（D—D 断面）。

1 个纵断面为沿心墙中心线纵断面。坝 0＋309.600（C—C）断面位于最高河床断面，对于变形、渗流及应力等监测具有代表性；坝 0＋482.300 断面、坝 0＋542.460 断面位于右岸软弱岩带，为心墙堆石坝右岸重点监测部位；坝 0＋169.360 断面介于左岸岸坡与最大坝高断面之间，位于坝基体形变化处，为左岸大坝监测代表性断面。上述断面为大坝主要监测断面。

2 个辅助断面分别为坝 0＋300.000（B—B 断面）、坝 0＋542.460（E—E 断面），其中坝 0＋300.000（B—B）断面主要考虑高心墙堆石坝带来的仪器埋设难度，在坝 0＋309.600（C—C）心墙部位设置一个备份监测断面，以确保心墙监测数据的完整性；坝 0＋542.460（E—E）断面位于右岸坝基软弱岩带，其目的是加强对坝基软弱岩带对坝体

影响的监测。监测断面布置示意如图 2.1-1 所示。

心墙及堆石体变形监测主要结合高程 626.10m、高程 660.00m、高程 701.00m、高程 738.00m、高程 780.00m 5 个高程进行仪器布置。监测高程布置示意如图 2.1-2 所示。

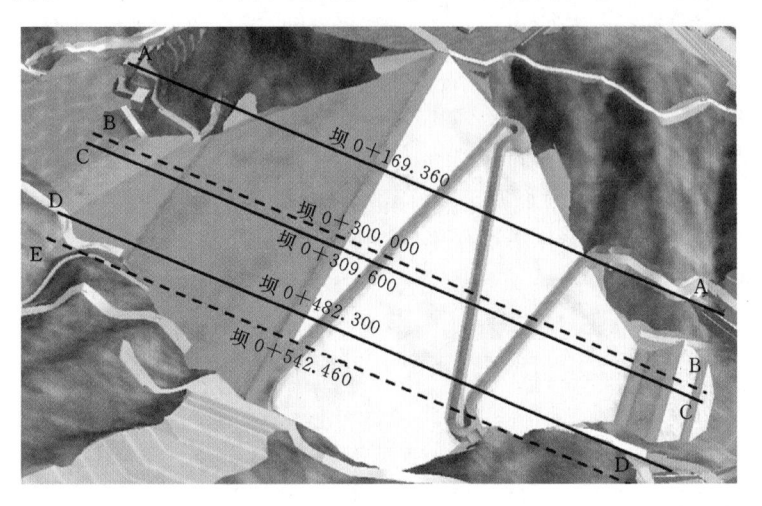

图 2.1-1 监测断面布置示意图

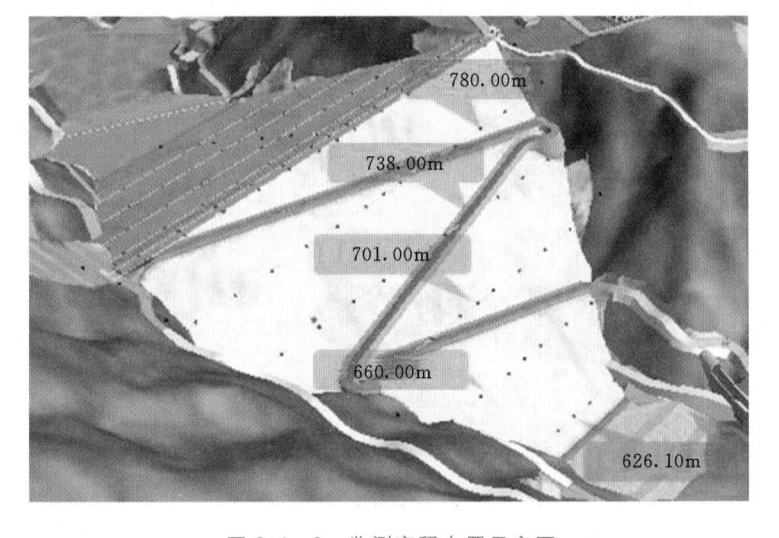

图 2.1-2 监测高程布置示意图

根据《土石坝安全监测技术规范》（DL/T 5259）的规定，表面变形监测点间距设为 50~60m，考虑视准线法监测的需要，测线两端设工作基点。工作基点与永久外部变形监测网联测，以求得大坝表面变形绝对值。表面变形监测点测墩上同时布设用于水平位移测量和垂直位移测量的标志，通过共用测线以监测工作基点、测点的水平位移及垂直位移。

2.1.2.2 表面变形监测

在坝体上游坡面共布设 4 条视准测线 L8~L11，其中 L10、L11 布置在死水位以下的高程 701.00m、高程 738.00m 处，L8、L9 分别布置在坝面正常水位与死水位之间的高程

780.00m 处和正常水位以上的高程 815.00m 处。在死水位以下的 L10、L11 视准测线主要是监测坝体填筑期及初蓄期部分时段坝体上游堆石体的表面变形，为动态分析大坝整体变形提供监测资料。L9 视准测线位于上游坝面正常水位与死水位间的水位变动区，在水位骤降时易发生沉陷变形，是需要密切关注和监测的部位。L8 视准测线位于正常水位以上，根据有限元计算成果，该高程附近是坝体沉陷及水平变形较大的部位，必须在施工期、蓄水期及运行期进行长期监测，为重点监测部位。

坝顶上下游两侧各设一条视准测线，分别为 L7、L6。上游侧 L7 测线布置于心墙中心线，下游侧 L6 测线距离坝顶下游边线 0.5m。这两条测线的测点由于位置在坝顶高程，其监测成果能够反映大坝的整体表面变形，对于了解大坝的变形状况、评价大坝安全、检验设计成果具有重要价值。

根据大坝填筑分区规划，为了监测不同填筑分区的变形情况、分析下游坝坡的安全稳定状况以及判断大坝是否发生整体变形，结合大坝布置情况及分期蓄水的要求，在坝体下游坡面共布设 5 条测线 L1～L5，其监测高程分为高程 626.10m、高程 660.00m、高程 701.00m、高程 738.00m、高程 780.00m。所有视准线测点在坝体填筑到设计高程时需立即埋设并开展观测，为动态、全过程分析大坝整体变形提供监测资料。

整个大坝共设置了 11 条视准线监测坝面表面变形，11 条视准线共包括工作基点 22 个、测点 111 个。坝面表面变形监测布置示意如图 2.1-3 所示。

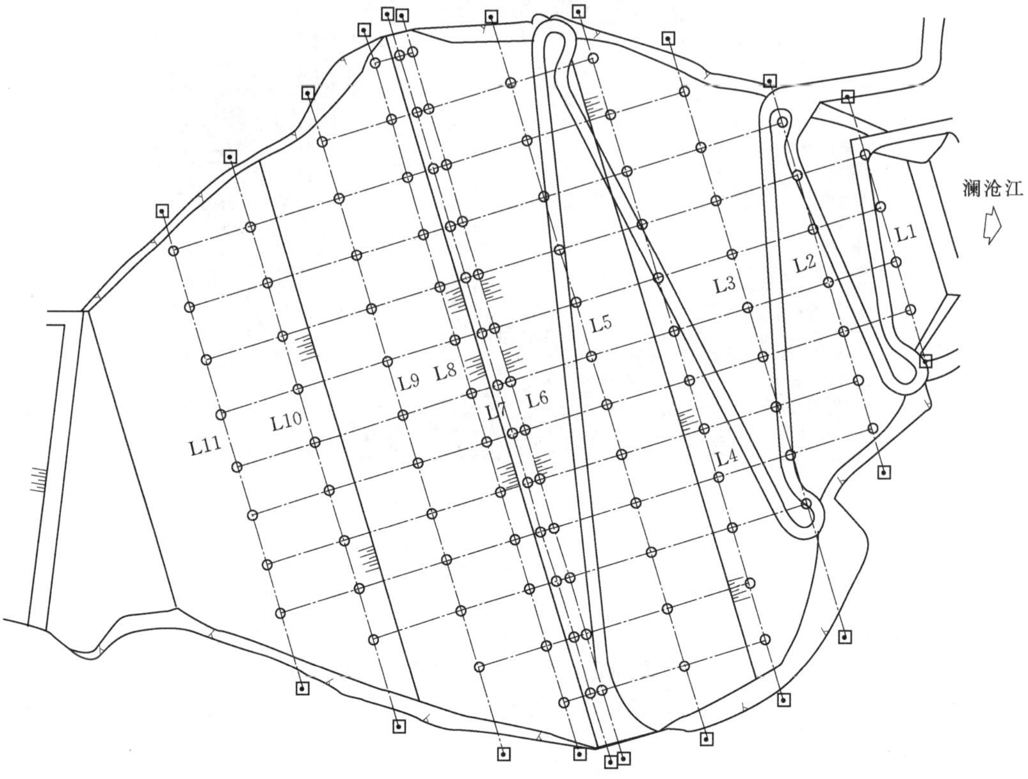

● 表面变形监测点　　□ 工作基点

图 2.1-3　坝面表面变形监测布置示意图

2.1.2.3 内部变形监测

大坝内部变形监测项目包括沉降监测、水平位移监测、土体位移监测和不同材料接触界面错动监测。内部变形测点位移需通过外部变形监测网校核基点的位移，由此得出坝体内部各测点绝对位移的变化，因此内部变形监测需与外部变形监测布置相结合才能取得比较完整的监测数据。大坝内部变形监测主要采用测斜仪、电磁沉降仪、水管式沉降仪、引张线式水平位移计及剪变形计等仪器设备。

测斜仪与电磁沉降仪技术成熟，广泛应用于土石坝位移监测中，该工程将两种仪器结合埋设，用来监测心墙的水平位移和沉降。

为监测心墙的水平位移和沉降，分别在坝 0＋169.360（A—A）、坝 0＋309.600（C—C）、坝 0＋482.300（D—D）断面沿心墙中心线各布置 1 个测斜暨电磁沉降孔，测斜管长度分别为 193.5m、265m、168.5m。测斜管采用原装进口 ABS 管，测斜管外按 3m 间距套上电磁沉降环。考虑到施工期沉降变形量较大，为防止测斜管的接头处阻碍沉降环随坝体一同变形，测斜管接头采用内置式暗扣连接头。根据有限元计算成果，坝体最大沉降发生在心墙的中上部位，其沉降等值线大致呈同心椭圆分布，通过在心墙中心线布置电磁沉降仪基本可以测出坝体最大变形、变形分布及变化趋势。

由于最大坝高断面（C—C）测斜暨电磁沉降孔深度达 265m，国内尚无此先例，无论是仪器设备在原理还是在埋设技术的适应性上还有待研究，其埋设风险大，一旦失效将无补救措施。为提高监测仪器埋设抗风险能力，在坝 0＋300.000（B—B）断面测斜暨电磁沉降孔旁对应布置 45 个固定式测斜孔和 42 套横梁式沉降仪，用来监测心墙的水平位移和沉降，并以此作为坝 0＋309.600（C—C）断面的备份。另外，在施工期为加强对心墙变形监测，在 A—A、D—D 断面附近高程 730.20m 以上增加 32 套横梁式沉降仪和 32 支固定测斜仪，作为补充监测。大坝心墙内部变形监测布置示意如图 2.1-4 所示。

引张线式水平位移计和水管式沉降仪分别用于监测堆石体的水平位移和沉降，其技术成熟，广泛应用于监测土石坝的位移，是监测堆石体位移的常用仪器。为监测大坝下游堆石体水平位移和沉降，结合下游坝面视准线的布置情况，分别在坝 0＋169.360（A—A）、坝 0＋309.600（C—C）、坝 0＋482.300（D—D）监测断面的高程 626.10m、高程 660.00m、高程 701.00m、高程 738.00m、高程 780.00m 处布置引张线式水平位移计测头和水管式沉降仪沉降测头。根据有限元计算成果及类似工程反馈计算成果，大坝最大水平位移一般发生在下游堆石体中部高程，最大沉降发生在直心墙中上部高程。大坝堆石体水平位移测头、沉降位移测头布置各有侧重，在靠近心墙的地方位移监测以沉降为主，在堆石体下游侧以水平位移为主，在靠近心墙的部位加密布置。水平位移测头及沉降测头布置采用网格状布置的方式，以便后期监测成果的对比分析。为便于集中统一管理，分别将各高程水平位移和沉降测线水平引向下游坝面对应的观测房，并在观测房顶部布设表面变形监测点，通过大地测量法将内部变形监测与永久外部变形监测网衔接。另外，为对水管式沉降仪与弦式沉降仪进行对比监测，在大坝下游堆石体高程 780.00m 增设 9 套弦式沉降仪。

目前缺乏监测大坝上游堆石体内部水平位移的有效手段，对于沉降监测可采用弦式沉降仪。但目前弦式沉降仪的测量范围不超过 70m，对于上游堆石体沉降监测只能应用于

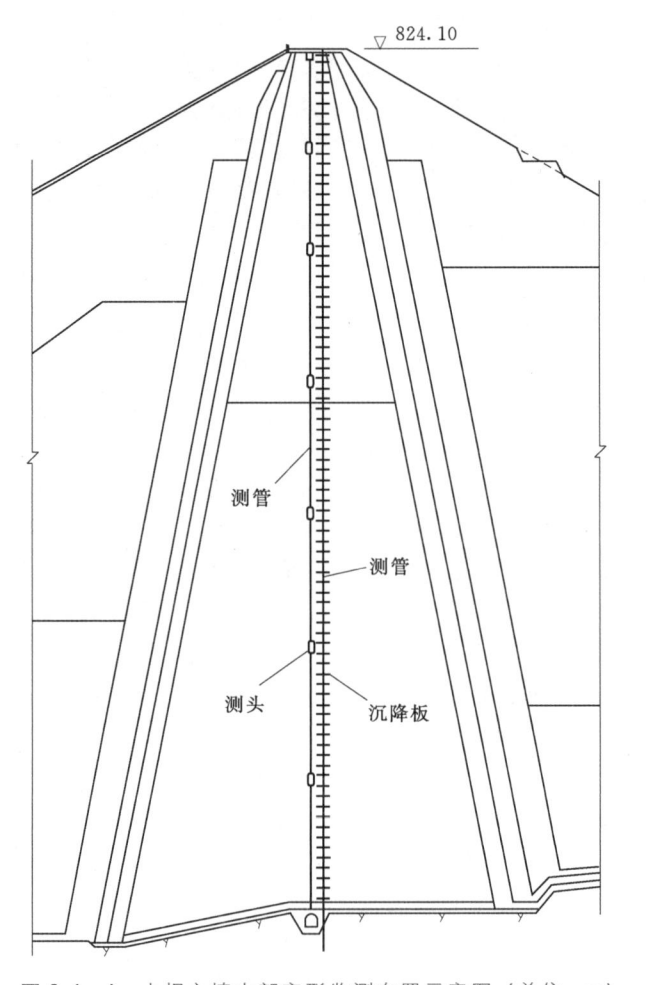

图 2.1-4 大坝心墙内部变形监测布置示意图（单位：m）

施工期及初蓄期的部分时段。因此，为监测大坝上游堆石体在施工期及初蓄期的内部沉降，在坝 0+309.600（C—C）监测断面上游堆石体的高程 660.00m、高程 701.00m、高程 738.00m、高程 780.00m 处网格状布置 15 套弦式沉降仪。为监测大坝上游堆石体蓄水后的沉降，每支弦式沉降仪对应布置 1 支渗压计，通过渗压计水头和上游水位可换算得出相应部位的沉降量。心墙堆石坝上游堆石体内部沉降监测布置示意如图 2.1-5 所示，心墙堆石坝下游堆石体内部水平位移及沉降监测布置示意如图 2.1-6 所示。

　　为了解心墙内部特别是心墙与陡峻岸坡接触部位是否会出现裂缝以及裂缝的分布情况，在沿坝轴线监测纵断面内水平向布置 6 组 5 测点式土体位移计组，将其一端锚固于岸坡基岩中，另一端伸入坝体防渗心墙中，用以监测两岸基岩陡峻坝体不均匀沉降引起防渗体的纵向变形及可能产生的横向裂缝。

　　界面错动主要指岸坡与坝体接触面之间、坝体反滤与心墙之间可能发生的相对位移。如果在坝体施工中岸坡与坝体接触面以及坝体不同料区接触面处理不好，接触面极易发生相对错动，由此产生裂缝并威胁大坝安全。左右岸岸坡坡比最陡处为 1:0.78，为监测防

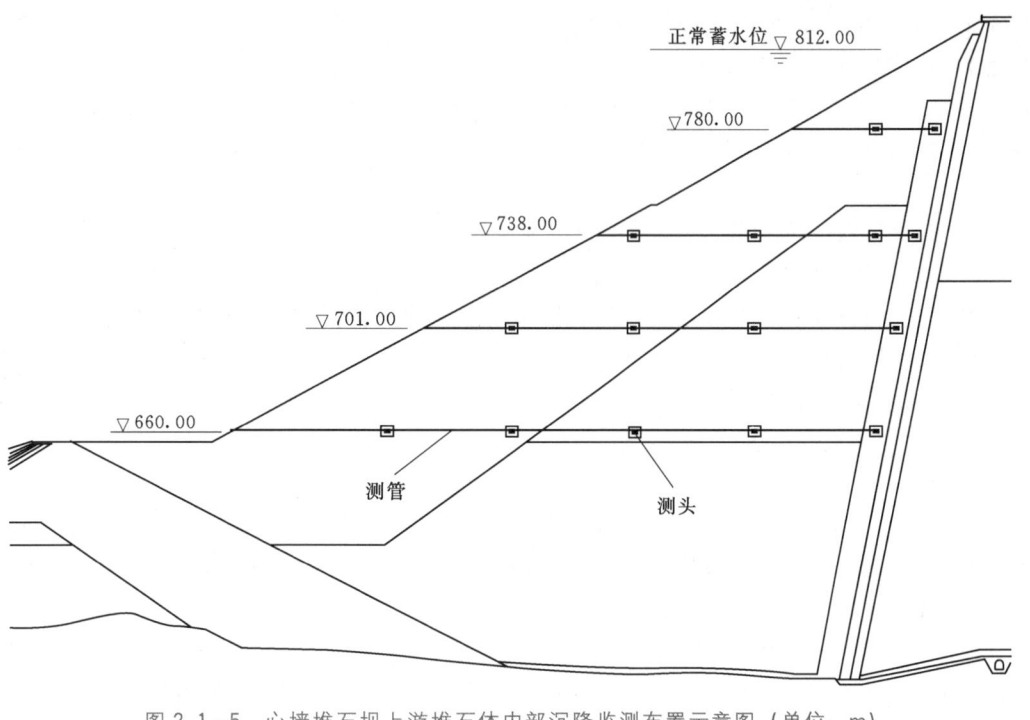

图 2.1-5　心墙堆石坝上游堆石体内部沉降监测布置示意图（单位：m）

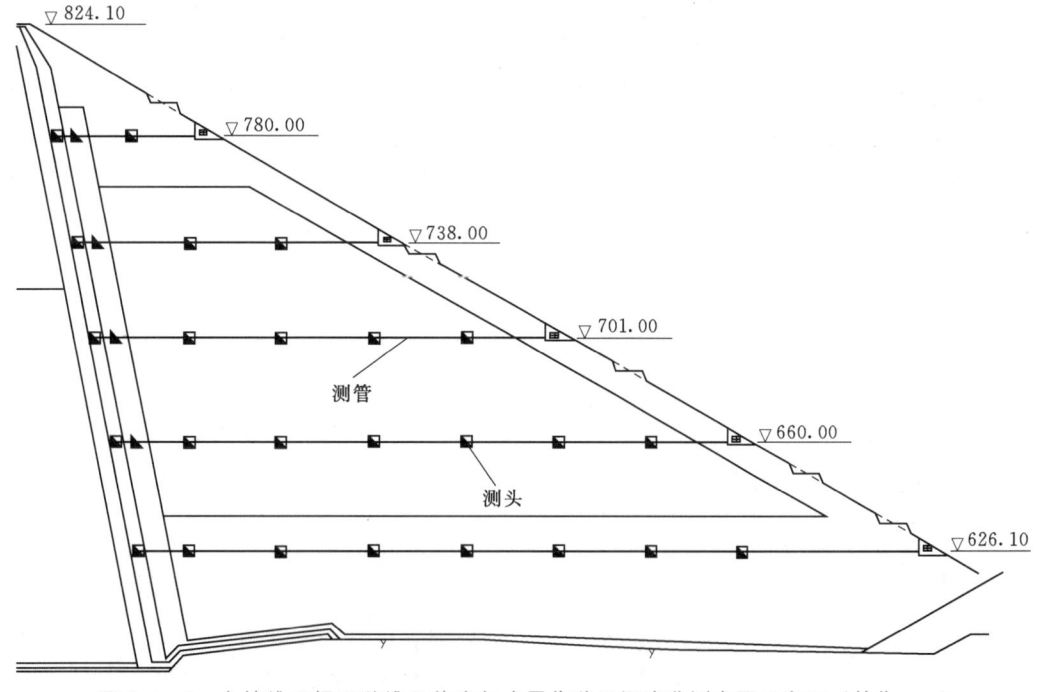

图 2.1-6　心墙堆石坝下游堆石体内部水平位移及沉降监测布置示意图（单位：m）

渗心墙与陡峻岸坡界面在自重、库水位等作用下其接触面发生的相对错动，在两岸岸坡较陡处共布置 8 支剪变形计。上游反滤与心墙接触面在库水位变动时也是容易产生相对变形

的区域,下游反滤与心墙因材料差异在浸水后产生的不均匀沉降也会导致相对错动,为监测上下游反滤与心墙接触面的相对错动,分别在坝 0＋169.360（A—A）、坝 0＋309.600（C—C）、坝 0＋482.300（D—D）监测断面的高程 626.10m、高程 660.00m、高程 701.00m、高程 738.00m、高程 780.00m 心墙与上下游反滤接触面共布置 22 支剪变形计。

根据工程经验,在大坝蓄水过程中或库水位变动等情况下坝顶可能会产生轻微"摇头"的现象,堆石体与防浪墙间接触面可能发生相对错动。为此,在堆石体与防浪墙接触面布置 10 支测缝计,以监测堆石体与防浪墙接触面的开合度变化及相对错动情况。

2.1.2.4 渗流监测

坝体坝基渗流监测主要包括坝体浸润线监测、渗透压力监测、帷幕防渗效果监测、绕坝渗流监测和渗流量监测等。

1. 坝体浸润线监测

大坝建成蓄水后,由于水头的作用,水在坝体内由上游渗向下游,形成一个逐渐降落的渗流水面,称为浸润面。浸润面在大坝横断面上只显示为一条曲线,通常称为浸润线。通过浸润线监测,可以掌握大坝运行期的渗流状况,是土石坝渗流监测的重要内容。

浸润线监测可采用测压管或埋入式渗压计进行。测压管的滞后时间主要与土体的渗透系数（K）有关。当 $K \geqslant 1 \times 10^{-3}$ cm/s 时,可采用测压管,其滞后时间的影响可以忽略不计;当 1×10^{-4} cm/s $\leqslant K \leqslant 1 \times 10^{-5}$ cm/s 时,采用测压管要考虑滞后时间的影响;当 $K \leqslant 1 \times 10^{-6}$ cm/s 时,由于滞后时间影响较大,不宜采用测压管。由于糯扎渡大坝心墙渗透系数很小（$< 1 \times 10^{-6}$ cm/s）,虽然用测压管监测浸润线费用低、直观,但存在滞后现象,且进水管容易堵塞,因此糯扎渡大坝心墙浸润线监测采用埋设渗压计的方式,渗压计监测浸润线埋设方便,测量精度高,便于实现自动化监测。在坝 0＋169.360（A—A）、坝 0＋309.600（C—C）、坝 0＋482.300（D—D）、坝 0＋542.460（E—E）监测断面的上、下游堆石体及基础面沿水流向布置渗压计,用来监测坝体浸润线和基础扬压力分布情况。

2. 渗透压力监测

考虑到心墙为主要的防渗体,其防渗效果关系到坝体的整体稳定性。衡量大坝整体稳定性的重要条件是防渗心墙产生水力劈裂的可能性。心墙堆石坝心墙的水力劈裂是一个非常复杂的问题,国内以往工程设计中常以上游水压力与心墙竖向应力比值小于 1.0 作为不发生水力劈裂的控制标准。为研究心墙产生水力劈裂的可能性,需监测心墙中的竖向土压力,可以通过布置土压力计获得;心墙孔隙水压力需在与土压力计对应位置布置渗压计来实现。为此,分别在坝 0＋169.360（A—A）、坝 0＋309.600（C—C）、坝 0＋482.300（D—D）、坝 0＋542.460（E—E）监测断面混凝土垫层顶面以及前三个监测断面高程 626.10m、高程 660.00m、高程 701.00m、高程 738.00m、高程 780.00m 的上游反滤、心墙上游、心墙中部、心墙下游及下游反滤分别对称布置 5 支渗压计。同时,在坝体与岸坡接触部位的土压力计、剪变形计对应位置共布置 6 支渗压计,以监测坝体在接触面发生相对位移的情况下心墙的渗流变化情况,并将监测成果与土压力计、剪变形计的成果作对比分析。

水库蓄水后在水头的作用下,不仅在坝体产生渗流,同时也在坝基产生渗流。坝基

渗流是否正常，对水库安全影响极大。据我国大型水库统计资料，有渗漏问题的土石坝按渗漏出现的部位统计，坝基和岸坡出现渗漏的约占 61%。国外也有不少土石坝工程由于坝基渗漏而失事。例如：美国马萨诸塞州威廉斯堡坝，坝高 13.1m，长 160m，石料心墙坝，坝内无任何监测设施，由于渗流沿坝底与地表之间的渗透，使心墙下的土被水泡松，失去支撑，在运行 9 年后溃坝，20min 内泄空水库的蓄水。还造成大量人员生命和财产损失。又如美国的朱里斯堡坝，坝高 14.2m，长 2000m，坝基为软弱砂岩，孔隙率较大，其上覆盖 0.9～1.2m 厚的冲积层。建库后，冲积层的渗漏量相当大，运行的第三年水库渗漏量达 200L/s，其中大部分从冲积层渗出。水库建成后 5 年，在蓄水仅 6m 的情况下垮坝。

坝基渗流监测的目的：了解坝基渗水压力的分布，监视防渗设施工作状况，估算坝基渗流坡降，判断运行期有无管涌、流土、接触冲刷等渗透破坏的问题。

3. 帷幕防渗效果监测

坝基防渗帷幕属隐蔽工程，其施工质量直接关系到坝基渗流稳定性。为监测坝体防渗帷幕的防渗效果，在左右岸灌浆洞底板布置 28 个测压管，每个测压管内安装 1 支压阻式水位计。同时，考虑到测压管仅能监测到坝基与灌浆洞接触部位的渗透压力，对于监测防渗帷幕不同深度的防渗效果，需通过布置渗压计来实现。为此，在坝 0+169.360（A—A）、坝 0+309.600（C—C）、坝 0+482.300（D—D）、坝 0+542.460（E—E）监测断面防渗帷幕后分别钻孔埋设渗压计，4 个孔沿孔深共布置 13 支渗压计，监测防渗帷幕不同深度的防渗效果。

4. 绕坝渗流监测

水库蓄水后，渗水绕经两岸帷幕端头从下游岸坡流出成为绕坝渗流。绕坝渗流为一种正常的渗水现象，但如果帷幕与岸坡连接处理不好，或岸坡由于过陡产生裂缝，以及岸坡中有强透水层，就有可能发生集中渗漏，造成渗流破坏。山东某水库的心墙坝，坝高 28.5m，由于右岸灰岩裂隙中强烈的渗漏，下游形成多处渗流破坏现象，经过采取排水减压措施，虽已无渗流破坏现象，但渗流量仍有 400L/s，造成经济损失。

为监测糯扎渡大坝绕坝渗流的变化情况，根据渗流计算成果，在左右岸坝头及下游岸坡沿流线大致走向共布置 20 个水位孔。

5. 渗流量监测

水库蓄水后必然形成渗流。在渗流处于稳定状态时，渗流量将与上游水头的大小保持稳定的相应变化，渗流量在同样水头作用下的显著增加和减少，都意味渗流稳定被破坏。渗流量显著增加，有可能在坝体或坝基发生管涌或产生集中渗流通道；渗流量显著减少，则可能是排水体堵塞的反映。在正常条件下，随着坝前泥沙淤积，同一水位下的渗流量将会逐年缓降。渗流量的观测既直观又全面综合地反映大坝的工作状况，因而是大坝运行管理中最重要的监测项目之一。

渗流量采用量水堰监测，可实现自动化观测。根据渗流量的大小和汇集条件，渗流量一般可采用容积法、量水堰法或流速法进行观测。①容积法适用于渗流量小于 1L/s 的情况；②量水堰法适用于渗流量为 1～300L/s 的情况，量水堰可采用直角三角堰、梯形堰或矩形堰；③流速法适用于渗水能被引到比较规则的平直排水沟内的情况，采用流速仪进

行观测。

量水堰类型包括：①直角三角堰，当渗流量为 1~70L/s（堰上水头为 50~300mm）时采用；②梯形堰，当渗流量为 10~300L/s 时采用；③矩形堰，当渗流量大于 50L/s 时采用。

糯扎渡大坝渗流量监测的目的是了解大坝渗流量的变化规律与是否有不正常的渗透现象。为便于准确地研究分析大坝各部分渗流状况，采用分区、分段的原则进行渗流量监测。为了减少工程量，利用大坝下游围堰修建坝后量水堰。先开挖大坝下游围堰，然后浇筑混凝土形成堰槽，最后安装梯形量水堰板。由于当渗流量低于 10L/s 时，梯形量水堰实测误差较大，为了能准确测到小渗流量，同时起到与梯形量水堰测值相互印证的作用，在梯形量水堰下游还设置了一座三角形量水堰，监测整个大坝的总渗流量；在坝体两岸灌浆洞与坝基灌浆廊道交汇处、左右岸坝基排水汇集处、4 号交通洞与廊道相交处分区布置 9 座直角三角形量水堰，监测大坝坝基廊道的渗流量。

2.1.2.5　应力监测

土石坝坝体应力监测常用的监测仪器为土压力计。土压力计按照其监测对象的不同，可分为界面式土压力计和土中土压力计。通过在坝体内布设土压力计可以了解坝体内部应力及坝体与坝基接触面应力变化情况，由此判断工程的安全状况，并对设计参数进行验证。

由于心墙料变形模量较低，坝壳料变形模量较高，根据有限元法计算成果，心墙区存在明显的拱效应。为监测心墙拱效应情况，以此判断心墙出现水力劈裂的可能性，分别在坝 0+169.360（A—A）、坝 0+309.600（C—C）、坝 0+482.300（D—D）、坝 0+542.460（E—E）监测断面混凝土垫层顶面以及前三个监测断面高程 626.10m、高程 660.00m、高程 701.00m、高程 738.00m、高程 780.00m 的上游反滤、心墙上游、心墙中部、心墙下游及下游反滤分别对称布置 5 支或 7 支土压力计，其中位于混凝土垫层顶部的为界面式土压力计，其余为土中土压力计。同时，为判断出现水力劈裂的可能性，土压力计与渗压计对应布置。

为监测心墙与陡峻岸坡接触部位的应力状态，在沿坝轴线监测纵断面心墙与陡峻岸坡接触部位的不同高程共布置 6 支界面式土压力计；为监测心墙的应力状态，在沿坝轴线监测纵断面心墙中部布置 3 组六向土压力计组；为监测上、下游堆石体应力状态，在坝 0+169.360（A—A）、坝 0+309.600（C—C）、坝 0+482.300（D—D）三个监测断面上、下游堆石体应力较大部位共布置 4 组三向土压力计组。根据《碾压式土石坝设计规范》（SL 274），土石坝稳定计算一般采用总应力法或有效应力法，因此为验证不同的计算方法，以便后期资料分析，分别在每支（组）土压力计旁布设 1 支渗压计监测孔隙水压力。

整个大坝应力监测共布置 28 支界面式土压力计、73 支土中土压力计、4 组三向土压力计组和 3 组六向土压力计组。

2.1.2.6　混凝土垫层监测

坝基混凝土垫层作为坝体与坝基的过渡带，其不均匀变形及裂缝开展情况对坝体坝基渗流有重要影响。为监测混凝土垫层裂缝的开展情况，根据渗控分析计算成果，在可能产

生裂缝的部位如坝基体形变化处、右岸断层破碎带等部位的结构缝上布置测缝计。为便于对比分析，在测缝计对应的结构缝下部布置渗压计。为此，分别在坝 0+169.360（A—A）、坝 0+309.600（C—C）、坝 0+482.300（D—D）、坝 0+542.460（E—E）断面混凝土垫层结构缝处共布置 22 支测缝计和 18 支渗压计。右岸断层破碎带混凝土垫层可能产生随机裂缝，因此选择坝 0+465.000（D′—D′）和坝 0+535.000（E′—E′）两个监测断面，在混凝土垫层表面共布置 6 支裂缝计，以监测该部位是否会产生随机裂缝及裂缝的开合度变化情况。

为了解混凝土垫层因基础不均匀沉降及坝体压重产生的钢筋应力变化情况，以验证分析计算成果，在坝 0+169.360（A—A）、坝 0+309.600（C—C）、坝 0+482.300（D—D）、坝 0+542.460（E—E）断面混凝土垫层表层钢筋及坝基灌浆廊道周边钢筋上共布置 32 支钢筋计。

为监测垫层混凝土温度变化情况，以了解混凝土温控效果，进而指导垫层混凝土浇筑，在坝 0+309.600（C—C）、坝 0+482.300（D—D）、坝 0+542.460（E—E）断面垫层混凝土内共布置 9 支温度计。

2.1.2.7 强震监测

大坝强震监测主要包括地震反应监测和坝体抗震措施监测。

糯扎渡工程所在地地震基本烈度为Ⅷ度，由于心墙堆石坝为 1 级壅水建筑物，设计地震烈度比基本烈度提高 1 度即为Ⅸ度。根据《土石坝安全监测技术规范》（SL 60）的规定，Ⅷ度以上经过论证可布置地震反应监测。考虑到该工程规模巨大，心墙堆石坝最大坝高达 261.5m，应设置地震反应监测措施。

为监测坝体地震反应，分别在最大坝高 0+309.600 断面的坝顶、下游坝坡不同高程观测房内及坝基廊道各布置 1 台强震仪，在坝 0+169.360、坝 0+482.300 断面坝顶各布置 1 台强震仪，在地质条件相对较差的右岸坝肩布置 1 台强震仪。为与右岸坝肩地震反应进行对比分析，在左岸坝肩布置 1 台强震仪。同时，为了输入基准三维动参数，在距离坝轴线下游侧约 500m 处布置 1 台强震仪。整个枢纽工程共布置 10 台强震仪。

根据有限元动力反应分析成果，在给定的地震作用下坝体总体上是稳定和安全的，但坝顶部位反应较大，可能产生局部浅层滑动。针对坝体抗震措施，在坝体上下游侧不同高程共布置 2 套 2 测点式和 4 套 4 测点式土体位移计组。为监测地震作用下心墙及上游反滤的动空隙水压力的变化情况，以验证设计并评价工程安全，在不同高程共布置 8 支渗压计。基于动态监测的需要，对上述抗震措施监测仪器均采用对动态响应较好的光纤光栅类传感器。

2.1.2.8 环境量监测

环境量监测主要包括上下游水位监测、水库水温监测、气象监测及水质分析等。

为监测上下游水位，在水库上游水流平稳地段和下游尾水后分别设置 1 套水尺和 1 套自记水位计。为监测水库水温的变化情况，在进水口布置水库温度计。为进行气象监测，在坝区左右岸各设置 1 座简易气象测站，气象站内设置气温计和雨量计等，监测坝区气温、降雨量等环境量。为监测坝体、坝基及岸坡等不同部位的水质变化，在上游水库、坝基灌浆廊道、坝体下游渗流汇集系统、绕坝渗流水位孔等有代表性的部位，取水样做水质分析。

2.2 引水发电建筑物安全监测系统

2.2.1 监测项目与内容

引水发电系统主要包括进水塔和引水道、地下厂房、主变室、尾水闸门室、尾水调压室、尾水隧洞、尾水管和尾水支洞及其他辅助洞室（包括主厂房运输洞、尾闸运输洞、主变运输洞、母线洞、空调机室、透平油库、主排风井、出线竖井和施工支洞的封堵等）等，其监测项目主要有以下几个方面：

(1) 巡视检查。

(2) 变形监测：包括表面变形、围岩深部变形和接缝开合度监测等。

(3) 渗流监测：包括衬砌渗水压力和厂区渗流量监测等。

(4) 支护效应监测：包括锚杆应力和锚索荷载监测等。

(5) 应力应变及温度监测：包括钢筋应力、钢板应力应变和混凝土的应力应变及温度监测等。

(6) 水力学监测：指整个引水发电系统的水力学监测。

2.2.2 监测系统布置

2.2.2.1 进水塔和引水道

在每个进水塔顶部各布置 2 个表面变形监测点，9 个进水塔一共布置 18 个，用来监测进水塔的水平位移及垂直位移。选择 2 号、5 号和 8 号进水塔，在其下游侧各布置 1 支渗压计，用来监测边坡渗水对塔体的渗压力；在其基础各布置 2 支渗压计和 2 支压应力计，用来监测基础的扬压力和塔体的压应力状况。同时，为了监测库水温，在 5 号进水塔上游侧表面不同高程处共布置 5 支水库温度计。

根据引水道的地质条件，选择 2 号、5 号、6 号、7 号和 9 号引水道的上平段、竖井段、下弯段和下平段分别布置多点位移计、测缝计、锚杆应力计、渗压计、钢筋计和钢板计，监测隧洞围岩的深部变形、围岩与衬砌间接缝开合度、系统锚杆的应力变化、衬砌的外水压力、衬砌钢筋的应力变化及钢衬的应力应变。引水道共布置 136 支多点位移计（4测点式）、36 支测缝计、102 支锚杆应力计（3 测点式）、24 支渗压计、24 支钢筋计和 12 支钢板计。

2.2.2.2 地下厂房

针对地下厂房的地质情况及相关洞室群的布置，考虑断层等其他相关因素的影响，为了全面、全过程及动态评价地下厂房的稳定状况，在地下厂房共设 8 个监测断面，分别为 A—A 断面（主厂纵 0+039.000）、B—B 断面（上游主厂纵 0+081.750、下游主厂纵 0+073.000）、C—C 断面（主厂纵 0+141.000）、D—D 断面（上游主厂纵 0+183.750、下游主厂纵 0+175.000）、E—E 断面（主厂纵 0+229.750）、F—F 断面（主厂纵 0+277.000）、G—G 断面（上游主厂纵 0+319.750、下游主厂纵 0+311.000）和 H—H 断面（主厂纵 0+367.000）。分别在 A—A～H—H 断面的顶拱、拱座及上下游边墙布置多

点位移计和滑动测微计,监测厂房围岩的深部变形;在多点位移计及滑动测微计对应部位布置锚杆应力计、锚杆测力计和钻孔埋设温度计,监测支护锚杆的应力和荷载变化及围岩的温度变化情况;在上下游边墙按一定比例选取部分工作锚索布置锚索测力计,监测锚索的荷载及其变化情况。为了超前监测地下厂房开挖期的变形情况,在上述 8 个监测断面的各层排水洞分别布置多点位移计和滑动测微计。同时,在上述 8 个监测断面中选择 5 个布置多功能隧洞测量系统,监测地下厂房围岩表面相对变形。

上述布置共有 80 套多点位移计(6 测点式 22 套、5 测点式 58 套)、13 个滑动测微计组、90 组锚杆应力计(3 测点式 3 组、4 测点式 87 组)、7 台锚杆测力计(125kN 级)、67 台锚索测力计(1000kN 级 19 台、2000kN 级 45 台、2500kN 级 3 台)、15 支温度计和 51 个多功能隧洞测量系统测点。

在地下厂房岩壁吊车梁上下游测各布置 5 个监测断面,断面内共布置 44 支钢筋计、4 组五向应变计组、4 支无应力计、8 支压应力计、48 支单向测缝计、6 组双向测缝计、6 支温度计、30 组锚杆应力计组(3 测点式 1 组、4 测点式 29 组)和 10 个多功能隧洞测量系统测点,用来监测岩壁吊车梁的强度和刚度。

在地下厂房的 2 号机、5 号机和 9 号机的钢板蜗壳及其外围混凝土内共布置 51 支钢筋计、65 支温度计、54 支钢板计、39 支单向测缝计、6 支裂缝计、9 组五向应变计组和 9 支无应力计,监测施工期和运行期蜗壳及其外围混凝土的工作性状。

在主厂房各层排水系统埋设渗压计和量水堰,监测地下引水发电系统的渗透水压力和渗流量变化情况,共计布置 14 支渗压计和 14 座直角三角形量水堰。

2.2.2.3 主变室

从地下洞室的分布来看,主厂房、主变室、母线洞及尾水管在空间上立体交叉,在开挖过程中各洞室的稳定状况与其他洞室相互关联,因此对于主变室的监测除了考虑自身的围岩稳定外,还应兼顾母线洞及主变室与主厂房的相互影响状况。为此,在主变室设 A—A~G—G 共 7 个监测断面,其位置与主厂房 A—A~G—G 断面对应,在断面内共布置 26 套多点位移计(4 测点式)、29 组锚杆应力计(3 测点式 10 组、4 测点式 19 组)和 41 台锚索测力计(1000kN 级 22 台、2000kN 级 18 台、2500kN 级 1 台),用来监测主变室围岩的深部变形、支护锚杆的应力和锚索的荷载及其变化情况。

2.2.2.4 尾水闸门室

在尾水闸门室设 A—A~G—G 共 7 个监测断面,其位置与主厂房 A—A~G—G 断面对应,在断面内共布置 35 套多点位移计(4 测点式 26 套、5 测点式 6 套、6 测点式 3 套)和 44 组锚杆应力计(3 测点式 29 组、4 测点式 15 组),用来监测尾水闸门室围岩的深部变形、支护锚杆的应力和变化情况。

在尾水闸门室岩台吊车梁上下游侧各布置 3 个监测断面,断面内共布置 18 支单向测缝计、8 支温度计和 16 组锚杆应力计(3 测点式 2 组、4 测点式 14 组),用来监测岩台吊车梁的强度和刚度。

2.2.2.5 尾水调压室

尾水调压室主要建筑物包括 1 号、2 号、3 号尾水调压室及连通上室。根据尾水调压室洞室群分布特点和围岩地质条件,在 3 个尾水调压室的顶拱、拱座及井身的不同高程共

布置 58 套多点位移计（4 测点式 49 套、5 测点式 9 套）、71 组锚杆应力计（3 测点式 23 组、4 测点式 48 组）、21 台锚索测力计（1000kN 级）和 36 支渗压计，用来监测围岩的深部变形、支护锚杆的应力、锚索的荷载和变化及衬砌的外水压力等。

在尾水调压室阻抗板上共布置 45 支钢筋计，监测阻抗板在运行期的应力变化过程。

2.2.2.6　尾水隧洞、尾水管和尾水支洞

由于 1 号尾水隧洞和 2 号导流洞相结合，因此，仅对 2 号和 3 号尾水隧洞进行监测。根据 2 号和 3 号尾水隧洞的地质条件，在 2 号和 3 号尾水隧洞分别布置 3 个和 2 个监测断面，断面内分别布置多点位移计、测缝计、锚杆应力计、渗压计和钢筋计，监测隧洞围岩的深部变形、围岩与衬砌间接缝开合度、系统锚杆的应力变化、衬砌的外水压力和衬砌钢筋的应力变化。2 号和 3 号尾水隧洞共布置了 21 套多点位移计（4 测点式）、15 支测缝计、21 组锚杆应力计（3 测点式 6 组、4 测点式 15 组）、15 支渗压计和 40 支钢筋计。

尾水支洞有 1~9 号共 9 条，根据其地质条件和尾水管的结构特点，选择 2 号、3 号、5 号、6 号、8 号和 9 号进行监测。在尾水管和尾水支洞地质条件差的地方布置监测断面，断面内分别布置多点位移计、测缝计、锚杆应力计、渗压计、钢筋计和钢板计，监测隧洞围岩的深部变形、围岩与衬砌间接缝开合度、系统锚杆的应力变化、衬砌的外水压力、衬砌钢筋的应力变化及钢衬的应力应变等。尾水管和尾水支洞共布置了 17 套多点位移计（3 测点式 6 套、4 测点式 11 套）、18 支测缝计、37 组锚杆应力计（3 测点式 16 组、4 测点式 21 组）、26 支渗压计、102 支钢筋计和 24 支钢板计。

为了解尾水出口的水温，在尾水隧洞和尾水支洞不同位置共布置 10 支温度计。

2.2.2.7　其他辅助洞室

其他辅助洞室主要包括主厂房运输洞、尾闸运输洞、主变运输洞、母线洞、空调机室、透平油库、主排风井、出线竖井和 1~3 号施工支洞的封堵等。根据各洞室的地质条件和布置方式，主要设置变形、渗流、支护效应及温度监测等项目。上述各洞室共布置 47 套多点位移计（4 测点式）、3 个滑动测微计、39 支测缝计、75 组锚杆应力计（3 测点式 70 组、4 测点式 5 组）、1 台锚杆测力计（125kN 级）、2 台锚索测力计（1000kN 级）、42 支渗压计和 38 支温度计，用来监测各洞室的稳定性状况。

2.2.2.8　水力学监测

引水发电系统的水力学监测主要包括电站进水口、尾水调压室和尾水出口的水位及尾水调压室的动水压力监测。其中，水位测点共布置 7 个，动水压力测点共布置 3 个。

2.3　溢洪道安全监测系统

2.3.1　监测项目与内容

根据溢洪道的规模、结构特点和地质条件，主要对闸室段、泄槽和消力塘进行监测，监测项目主要有以下几个方面：

（1）变形监测：包括闸室段的表面变形监测和闸墩接缝开合度监测。

（2）渗流监测：指闸室和泄槽基础的渗透压力监测。

（3）应力应变监测：包括闸室基础的压应力监测、闸室和泄槽基础的锚杆应力监测、闸墩的应力应变和锚索荷载监测等。

（4）水力学监测：指溢洪道及消力塘的水力学监测。

2.3.2 监测系统布置

1. 变形监测

在每个闸墩顶部各布置 2 个表面变形监测点，9 个闸墩一共布置 18 个，用来监测闸墩的水平位移及垂直位移。在闸墩接缝处共布置 12 支测缝计，监测接缝的开合度变化情况。

2. 渗流监测

在闸室和泄槽基础共布置 24 支渗压计，监测基础的扬压力状况。

3. 应力应变监测

在闸室基础共布置 6 支压应力计，监测闸墩的压应力情况；在闸室和泄槽基础共布置 15 组 3 测点式锚杆应力计，用来监测基础锚杆的应力变化情况，以检验锚杆的支护效果；在闸墩共布置 24 支钢筋计、12 组五向应变计组和 12 支无应力计，监测闸墩钢筋的应力和闸墩混凝土的应力应变；在边墩和中墩牛腿部位共布置 20 支钢筋计，监测牛腿钢筋应力变化，以评价牛腿的工作状态。

在闸墩混凝土锚索及消力塘左右侧边坡锚索中布置 13 台锚索测力计，监测锚索的荷载变化及预应力损失情况，以评价锚索支护效果。

4. 水力学监测

溢洪道泄槽水力学监测包括流态、水面线、动水压强、空穴监听、底流速、掺气浓度、空腔负压、掺气量、振动、闸门开启过程起止挑开度等的监测。共布置水面线 34 条、动水压强测点 18 个、底流速测点 10 个、空穴监听测点 8 个、掺气浓度测点 12 个、风速测点 18 个、空腔负压测点 11 个、振动测点 32 个。

消力塘水力学监测包括振动、动水压强、岸边流速、波高、泄洪雾化等的监测；估测挑射水流的轨迹，泄洪后消力塘的冲刷形态。共布置振动测点 29 个、动水压力测点 19 个、流速测点 7 个、波高测量断面 5 个，左右两岸雾化测点各 30 个，左岸边坡振动测点 6 个。

2.4 泄洪洞安全监测系统

2.4.1 监测项目与内容

根据左右岸泄洪洞的规模、结构特点及地质条件，主要对洞身、闸门井和工作闸室进行监测，监测项目主要有以下几个方面：

（1）变形监测：包括左右泄洞洞身、闸门井和工作闸室围岩的深部变形监测。

（2）渗流监测：包括左右泄洞洞身衬砌的渗水压力监测。

（3）应力监测：包括左右泄洞洞身、闸门井和工作闸室的钢筋应力、锚杆应力监测及锚索荷载监测等。

（4）水力学监测：指左右泄洞洞身的水力学监测。

2.4.2 监测系统布置

1. 变形监测

左右岸泄洪洞洞身、闸门井和工作闸室围岩深部变形采用多点位移计进行监测。在左岸泄洪洞有压段布置 3 个监测断面、无压段布置 4 个监测断面，在左岸泄洪洞闸门井布置 3 个监测断面；在左岸泄洪洞共布置 19 套多点位移计。在右岸泄洪洞有压段布置 3 个监测断面、无压段布置 3 个监测断面，在右岸泄洪洞检修闸门井布置 3 个监测断面，在右岸泄洪洞工作闸门室顶拱及顺水流向边墙两侧共布置 5 套多点位移计；在右岸泄洪洞共布置 25 套多点位移计。

2. 渗流监测

左右岸泄洪洞洞身和闸门井衬砌的渗水压力采用渗压计进行监测，在左岸泄洪洞有压段布置 1 个监测断面、无压段布置 2 个监测断面，在闸门井底板布置 2 支渗压计，左岸泄洪洞共布置 11 支渗压计。在右岸泄洪洞布置 4 个监测断面，右岸泄洪洞共布置 12 支渗压计。

3. 应力监测

左右岸泄洪洞洞身、闸门井和工作闸室的锚杆应力采用锚杆应力计组进行监测，其中左岸泄洪洞共布置 33 组，右岸泄洪洞共布置 36 组；在左岸泄洪洞闸门井下游侧与围岩接触面共布置 4 支压应力计，监测围岩对闸门井的压应力情况；在左右岸泄洪洞洞身衬砌及工作弧门支铰大梁布置钢筋计，监测相应的钢筋应力变化，其中左岸泄洪洞共布置 44 支，右岸泄洪洞共布置 44 支。

在左岸泄洪洞闸门井下游侧的锚索中布置 2 台 1000kN 级锚索测力计，在右岸泄洪洞闸门井边坡的锚索中布置 2 台 2000kN 级锚索测力计，用来监测锚索的荷载变化及预应力损失情况，以评价锚索支护效果。

4. 水力学监测

左岸泄洪洞水力学监测包括流态、水面线、动水压强、空穴监听、底流速、掺气浓度、空腔负压、掺气量等的监测。左岸泄洪隧洞共布置水面线 9 个、动水压强测点 28 个、底流速测点 6 个、空穴监听测点 4 个、掺气浓度测点 13 个、风速测点 15 个、空腔负压测点 6 个、雾化测点 30 个。

右岸泄洪洞水力学监测包括流态、出口明渠及挑流鼻坎水面线、动水压强、空穴监听、底流速、掺气浓度、空腔负压、掺气量等的监测。右岸泄洪隧洞共布置水面线 9 个、动水压强测点 26 个、底流速测点 4 个、空穴监听测点 7 个、掺气浓度测点 13 个、风速测点 12 个、空腔负压测点 6 个、下游雾化测点 30 个。

2.5 枢纽区边坡及近坝库岸滑坡体安全监测系统

2.5.1 监测项目与内容

糯扎渡水电站枢纽区边坡监测设计范围主要包括：右岸坝肩边坡、溢洪道边坡、电站

进水口边坡、尾水隧洞出口边坡、右岸高程 645.00m 公路边坡、其他边坡（包括右岸下游护岸边坡、地下厂房运输洞进口边坡、右岸泄洪隧洞检修闸门井边坡等）和近坝库岸滑坡体等。边坡的监测项目主要有以下几个方面：

（1）表面变形监测。

（2）深部变形监测。

（3）支护效应监测。

（4）渗流监测。

主要采用表面变形监测点、测斜仪和测斜孔、多点位移计、锚索测力计、水位孔和渗压计等监测仪器设备进行边坡监测。

2.5.2 监测系统布置

1. 电站进水口边坡

电站进水口边坡最大高度约为 88.5m，最大直立边坡 47m，边坡的稳定直接关系到引水建筑物的安全，为Ⅰ级边坡。监测设计选择在 2 号、5 号、8 号引水隧洞轴线部位的洞脸边坡布置 3 个主监测断面，在直立边坡上布置多点位移计以监测边坡向临空面的变形，共计布置多点位移计 4 套。在边坡开口线外布置测斜孔，在边坡开口线外及各级马道上布置表面变形监测点，纵横形成网格，以监测边坡施工及运行期的变形及影响范围，共布置测斜孔 2 个、表面变形监测点 10 个。

2. 溢洪道边坡

溢洪道边坡包括引渠及闸室段、泄槽段、消力塘边坡，边坡最大高度约 100m，地质条件较为复杂，为Ⅰ级边坡。根据开挖支护设计方案，溢洪道边坡监测设计在引渠及闸室段布置 2 个主监测断面，泄槽段布置 4 个主监测断面，消力塘布置 2 个主监测断面，在主监测断面分别布置多点位移计、测斜孔监测边坡的深部位移变化，布置水位孔监测地下水位变化对边坡稳定的影响。分区域选择有代表性的锚索作为监测锚索，布置锚索测力计监测锚索的群锚效果及后期荷载变化，评价赋存锚固力。在边坡开口线外及各级马道布置表面变形监测点，纵横形成网格，以监测边坡施工及运行期边坡外部变形的演变过程，共布置表面变形监测点 34 个。

3. 左岸尾水隧洞出口边坡

左岸尾水隧洞出口最大边坡高度约为 165m，为Ⅰ级边坡。根据开挖支护设计方案，高程 740.00m 以上边坡共布置 2 个主监测断面，高程 740.00m 以下边坡在泄洪洞出口边坡洞轴线、1 号导流洞出口边坡洞轴线、1～3 号尾水洞出口边坡洞轴线及尾水洞出口侧向边坡各布置 1 个主监测断面，共设 7 个，在主监测断面布置多点位移计及测斜孔以监测边坡深部位移，共计布置多点位移计 5 套、测斜孔 4 个。同时在边坡开口线外及不同高程马道布置表面变形监测点，呈网格式分布，共计 64 个，利用工作基点监测表面变形观测点的水平位移和垂直位移，以全面监测边坡的外部变形演变过程。按锚索不同的支护区域和锚索吨位、长度等，选择有代表性的工作锚索布置锚索测力计，以监测锚索的群锚效果及后期荷载变化，评价赋存锚固力，共计布置锚索测力计 23 台。

4. 右岸坝顶高程以上边坡

右岸坝顶高程以上边坡为高边坡，最大高度为 218.5m，边坡马道共分 10 级，边坡的稳定直接关系到大坝的安全，为 I 级边坡。监测设计在边坡最大高度布置 1 个主监测断面，根据边坡上部开挖坡度较缓及地质条件的特点，主监测断面在不同高程马道分别布置 1 个测斜孔，共计 3 个，以监测边坡是否存在深部滑移的可能，测斜孔旁对应布置一个表面变形监测点进行相互校验。边坡总体变形监测采用在开口线外及不同高程的马道上布置表面变形监测点，纵横形成网格，以监测边坡变形演变的全过程，表面变形监测点共布置 19 个。按锚索不同的支护区域和锚索吨位、长度等，选择有代表性的工作锚索布置锚索测力计，以监测锚索的群锚效果及后期荷载变化，评价赋存锚固力，共计布置锚索测力计 3 台。

5. 右岸下游护岸边坡

右岸下游护岸边坡为溢洪道及泄洪洞泄洪的影响范围，为监测右岸下游护岸边坡的稳定，监测设计在右岸下游护岸边坡共布置 6 个主监测断面，在主监测断面布置多点位移计及测斜孔以监测边坡深部位移，共计布置多点位移计 4 套、测斜孔 3 个。同时在边坡开口线外及不同高程马道布置表面变形监测点，呈网格式分布，共计 12 个，利用工作基点监测表面变形观测点的水平位移和垂直位移，以全面监测边坡的外部变形演变过程。为监测地下水位变化对护岸边坡稳定的影响，在主监测断面布置水位孔，以监测边坡地下水水位的变化，共计布置水位孔 3 个。

6. 近坝库岸滑坡体

近坝库岸的 H6 滑坡体位于坝址上游澜沧江左岸约 7km 处，H13 滑坡体位于支流黑河右岸，距大坝约 10.5km，蓄水后下部坡体被水淹没，受蓄水及运行期水位变化的影响，滑坡体的稳定性状有可能发生改变，危及大坝安全。滑坡体位于库区，交通不便，传统监测手段受制于人员难以到达现场，且不能满足对滑坡体进行实时监控的要求，因此监测设计采用了 GNSS 系统外观自动化监测方案。监测方案在滑坡体重点监控区域内布置 GNSS 测点，根据需要定时或实时接收卫星信号，进行定位，将数据通过无线传输方式实时传送至后方，并利用系统软件解算各测点位移，进行分析管理，从而实现滑坡变形的自动监测。其中 H6 滑坡体共布置 6 个测点，H13 滑坡体共布置 2 个测点，并在白莫箐布置 1 个参考站作为工作基点。

2.6 安全监测自动化系统

糯扎渡水电站工程规模巨大，工程区地质条件复杂、建筑物较多，监测仪器类型多样，测点数量众多且相对分散。人工监测的精度和频次及监测数据的可靠性、实时性和一致性均得不到有效保证。不但监测管理人员工作量极大，人工处理分析采集的大量监测数据一般也不满足适时反馈的要求，特别是在汛期或有险情的情况下，若不能及时处理监测资料，可能导致失去安全监测工作的目的和意义，且不适应现代电厂"无人值班、少人值守"现代企业管理的需要，同时也不能达到大坝安全管理相关法律法规的要求。

安全监测自动化能大量减轻人工工作量，做到相关监测物理量同步测读，胜任多测点、密测次和减少人工干预数据的要求，及时对采集到的数据进行系统整理、整编和综合

分析，并快速有效地反馈，为各层次相关人员的决策提供重要参考依据。

2.6.1 接入自动化的监测仪器

枢纽区整个安全监测体系（包括心墙堆石坝和导流洞堵头、溢洪道、泄洪洞、引水发电系统、导流洞和上下游围堰及各部位边坡等）共布置各种监测仪器约 5217 个（组、支、套、台、座），按测点数约为 8472 个。按上述监测设施接入自动化监测系统的原则和统计情况，各部位接入自动化监测系统的测点（比较独立的大坝和边坡表面变形、大坝强震及大坝光纤测渗漏和裂缝等监测子系统的测点未统计）总数约为 4786 个，自动化测点数占整个枢纽区安全监测体系测点数的 56.5%。其中，接入自动化系统的测点比例在心墙堆石坝和导流洞堵头中约占 70%，在溢洪道中约占 92%，在泄洪洞中约占 99%，在引水发电系统子系统中约占 70%，在边坡中约占 49%。

2.6.2 系统总体设计

糯扎渡工程枢纽区安全监测体系范围广、测点众多，有相对集中且封闭的大坝和引水发电系统监测体系，也有分散且暴露于外的边坡监测体系。这些特点决定了安全监测自动化总系统网络结构型式的复杂性、通信方式的多样性、防雷的重要性、供电方式的多样性以及自动数据采集装置的兼容性与安全监测信息管理系统功能的强大性，必须对该工程安全监测自动化总系统的上述方面进行总体设计。

2.6.2.1 系统构成

安全监测自动化系统的构成主要包括以下内容。

1. 数据采集信息管理系统

数据采集信息管理系统主要功能是按照相关设置，把分布在建筑物的各类监测传感器标准和非标准的电信号进行准确采集、传输到指定的存储设备上，并按照一定的格式进行储存。一般情况下分为两级系统，其一为采集模块通过与传感器类型相匹配的激励模式电路和 A/D 数模转换电路，对现场传感器的模拟信号进行数据采集、转换和存储；其二为上位机通过计算机网络系统对采集模块进行操作、控制，将观测数据以数值量的方式传输到指定的存储设备上并按照一定的格式进行储存。采集系统中通信的主要功能是根据相关协议建立各设备之间的物理联系进行信息传递，主要包括数据采集装置和传感器之间、数据采集装置与监测管理站之间、监测管理站与监测管理站之间、监测管理站与监测中心站之间、监测中心站与流域管理站之间的通信。

2. 安全监测信息管理及综合分析系统

安全监测信息管理及综合分析系统主要功能是对所有观测数据以及与安全有关的文件、施工资料等进行科学有序的管理、整理整编与综合分析，并最终对分析成果、原始信息等以可视化的方式输出，为实时掌握工程的运行状况提供有效的参考依据。

2.6.2.2 网络结构型式

根据糯扎渡水电站工程规模巨大、建筑物分布分散、监测数据传输距离长易受外界干扰等特点，内观自动化系统采用分布式、多级连接的网络结构型式。监测管理站和现场监测站之间采用 RS-485 总线网络，监测中心站和监测管理站之间采用星型网络，监测中

心站和昆明流域安全监测监控中心采用专用 Internet 网络。

由于内观各子系统接入安全监测自动化系统的测点较多，基于 RS - 485 总线网络的特点，为了提高数据采集的速度和保障数据传输的通畅，各子系统均采用多台工控机进行控制和多条通信线进行通信。

2.6.2.3 通信方式

安全监测自动化系统按三级设置，即监测站、监测管理站和监测中心站。监测站和传感器之间、监测站和监测管理站之间、监测管理站和监测中心站之间、监测中心站和流域安全监测监控中心之间均存在通信。各站点之间的通信具体如下：

（1）监测站与传感器之间，满足有效采集该工程各类监测传感器的信号即可。

（2）监测站和监测管理站之间，采用光缆接口的 RS - 485 总线方式，利用通信光缆进行有线传输。

（3）监测管理站和监测中心站之间，利用澜沧江公司内部局域网通信，实现数据安全、快速传输。

（4）监测中心站和流域安全监测监控中心之间，采用专用 Internet 网络通信。

2.6.2.4 供电方式

监测中心站和监测管理站从站内配电箱引入 220V 或 380V 交流电对站内设备进行供电，同时配备一套交流不间断电源（UPS），蓄电池按维持设备正常工作 60min 设置。

监测站主要从工区各永久箱变和配电盘或监测管理站就近供电，同时每个监测站配备一套交流不间断电源（UPS），每个测量控制单元（MCU）配备一个电源模块，UPS 和电源模块均按维持设备正常工作 1 周以上设置。

2.6.2.5 防雷和接地要求

对安全监测自动化系统造成危害的雷击主要有直击雷和雷电电磁脉冲（LEMP）。针对监测自动化系统的防雷要求及雷击危害的两种方式，主要从直击雷防护和雷电感应过电压防护两方面进行防护。

根据糯扎渡水电站的实际情况，监测中心站、管理站及部分现场监测站可直接利用工程的防雷和接地设施，接地电阻应小于 4Ω；边坡等户外的部分监测站，应设置接地装置，接地电阻应小于 10Ω。

监测自动化系统设备的防雷主要从电源防雷、通信防雷和传感器防雷三方面进行。其中，电源防雷主要是在供电线路上设置净化电源和电源防雷器，并在每个测量控制单元（MCU）设置电源防雷模块，进行双重防护；通信防雷和传感器防雷是在每个测量控制单元（MCU）相应设置通信防雷模块和传感器防雷模块。

2.6.2.6 数据采集信息管理系统

数据采集信息管理系统主要包括数据在线采集、电测成果计算整编和采集馈控等三个主要部分。各部分自有独立的用户界面，既可以协同工作，又可单独运行。在线数据采集是通过各建筑物的数据采集单元与计算机原始数据库的接口通信软件，按测点编号进行通信采集，自动获得采集监测量的测值。要求数据采集系统能对大坝、溢洪道、泄洪洞、引水发电系统及边坡的监测仪器分部位进行独立采集、换算和数据入库等工作，以便根据各部位的建筑物运行特点，实时采集和分析监测数据。

测值计算整理是指原始数据库中的各类实测数据，依据仪器厂家的转换公式以及厂家或现场率定的参数，将监测电信号（电阻、电阻比、频率、电容、标准量等）转换为监测物理量（变形、渗压、渗流量、应力应变等），并将转换结果存储到数据库中。输入数据按其特性分为两大类型：环境量和效应量，其中环境量包括水位、气温、水温、降水量和地震等；效应量主要包括位移、渗流、应力应变等几类。由于监测量的种类多（有电阻比、电容、标准量、频率等），进行资料分析前应将其换算成监测物理量，并符合安全监测信息管理系统数据库要求的格式。

采集馈控用于自动化监测系统，接收来自安全监测信息管理系统的测点复测命令并进行复测，修正监测数据等。

2.6.2.7 安全监测信息管理及综合分析系统

安全监测信息管理及综合分析系统主要分为四部分：一是信息管理系统；二是监测成果综合分析评价系统；三是在线监测信息反馈系统；四是远程服务系统。对安全监测信息管理及综合分析系统的相关功能要求应较为成熟、先进，满足不同阶段对监测成果分析的要求，同时宜考虑和后期的预警系统实现资源共享。

信息管理系统主要包括数据录入和监测资料的管理，应将工程自建设以来的不同部位所有自动采集与人工观测资料、规程规范、图纸、技术报告、各种报表及工程档案等纳入该系统进行统一管理。

监测成果综合分析评价系统主要包括信息可视化、图形报表生成、信息查询等功能，满足一般数据的计算分析、报表制作、曲线绘制、查询、建模分析和 Web 发布等，后期深入的资料分析委托原设计单位或有资质的科研院校完成。

在线监测信息反馈系统主要包括数据在线快速安全评估和采集馈控两部分。快速安全评估是指一次采集完成后，利用该次实测数据对建筑物的安全状况做一个简便、快速的评估，为监测管理人员提供一个启示性的信息，引起他们的重视，进而开展更详细的安全分析和评估工作。采集馈控作用于采集工作，对自动和人工采集的数据进行实时检查分析，若有可疑测点，则反馈相关信息到数据采集信息管理系统要求复测等。

远程服务系统包括远程管理和监测信息定时上报功能。同时，具备定时向电厂 MIS 系统、流域安全监测中心、数字大坝-工程质量与安全信息管理系统、数字大坝-工程安全评价与预警信息管理系统自动报送相关监测信息的功能。其工作主要包括：特定端口的机器通过 Client/Server（客户机/服务器）模式能远程控制现场采集机，实现命令修改、采集、数据传输等，一般授权用户通过 B/S 模式远程浏览现场 Web 服务器的相关信息。

根据上述要求，糯扎渡水电站安全监测信息管理系统现场监测中心站及监测管理站采用 C/S 结构，而流域安全监测中心站和现场监测中心站之间根据需要采用 Brower/Server（浏览器/服务器）结构，整个系统呈 Client/Server 和 Brower/Server 混合结构。其安全监测信息管理系统应具备三级站之间的通信、监测数据采集、整理整编、分析和报表制作上报、信息浏览发布等功能。

2.6.2.8 测站和数据流程总体规划

糯扎渡水电站枢纽工程安全监测自动化系统按三级设置，即现场监测站、监测管理站和监测中心，但澜沧江公司的流域安全监测中心站、数字大坝-工程质量与安全信息管

理系统、数字大坝-工程安全评价与预警信息管理系统能对现场监测中心站的相关监测信息进行管理。现场监测站的主要作用是数据采集装置对监测传感器进行数据采集、存储，电源管理及监测数据上传和接收监测管理站上位机的控制指令。监测管理站的主要作用是数据采集计算机通过数据采集系统接收数据采集装置的数据并进行转换，按规定的格式统一存放在原始和整编数据库中，并接收监测中心站上位机的相关指令及对数据采集装置下达控制指令。监测中心站的主要作用是工作站和服务器通过安全监测信息管理系统对监测管理站自动采集、其他半自动采集、人工测读的数据，其他比较独立的监测子系统（包括大坝及边坡表面变形监测系统、大坝强震监测系统、大坝光纤测渗漏和测裂缝系统）、其他工程所有与安全监测相关的文档资料进行集中统一管理，且通过安全监测综合分析评价系统进行监测资料的分析和发布工作，并根据分析成果反馈给监测管理站的采集计算机相关控制指令。三级站点之间的数据流和指令流流程示意如图2.6-1所示。

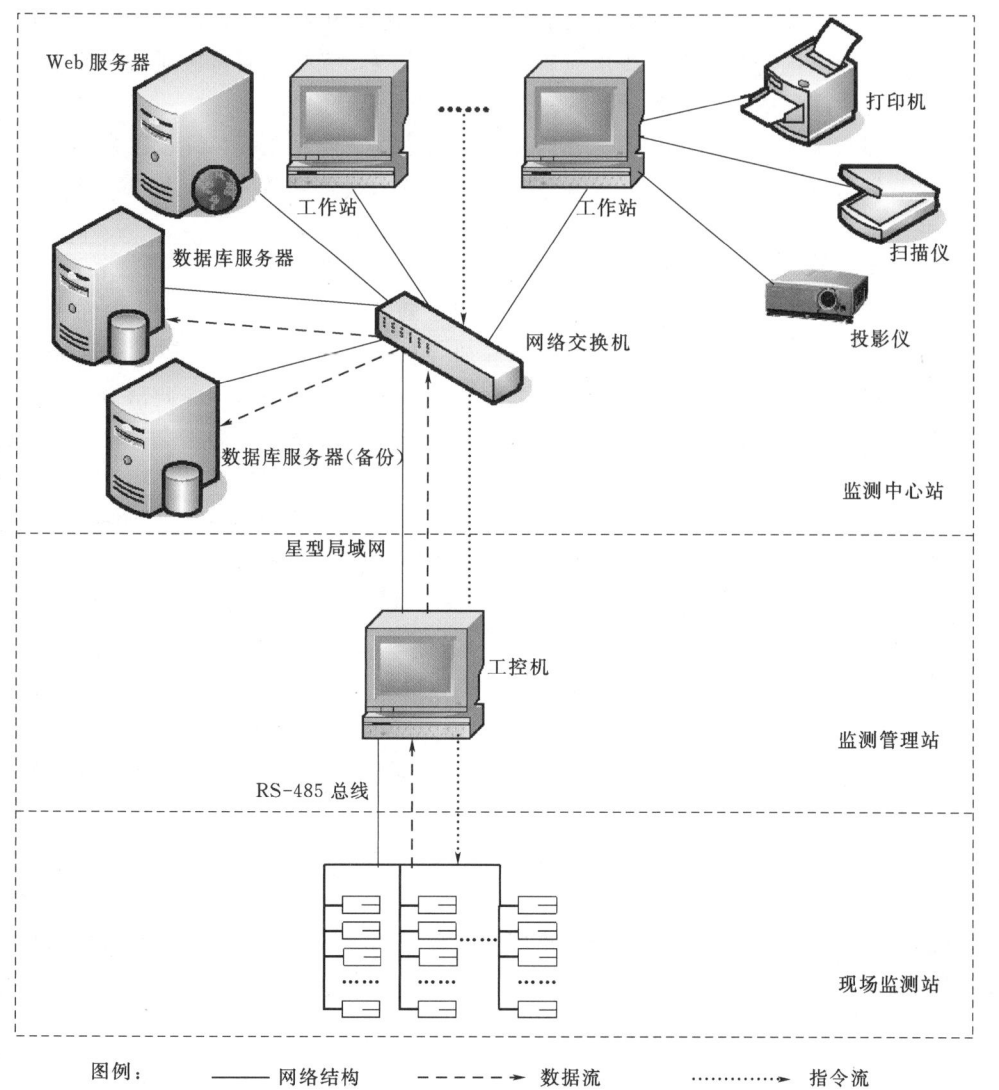

图2.6-1 三级站点之间的数据流和指令流流程示意图

2.6.2.9　系统安全性

系统安全性是指保护数据库以及数据的网络传输，以防止非法入侵和使用，它与数据保密问题密切相关，涉及数据的存取控制、修改和传输的技术手段，主要从软件、硬件、网络和数据流方面进行安全性防护。应用软件安全性主要依赖于硬件系统、操作系统、数据库以及网络通行系统的安全机制。同时在软件的设计方法上，应采用面向对象的方法，使数据和相关的操作局限在一个对象中，从而简化实现的复杂性。常用的方法主要有混合安全模式、用户权限管理、系统日志、数据库备份等。为了保证关键计算机（采集计算机、数据服务器计算机等）安全可靠地运行，C/S应用要有运行环境的安全设计，通过对系统设置并加装硬件防火墙、采用高端网络交换机等，既能保证其应用的顺利运行，同时也能使这些关键计算机不受病毒和黑客的攻击。B/S应用要求可在不降低浏览器安全级别的情况下，顺畅地浏览系统相关信息。

网络安全性是网络建设首要解决的问题。常用的方法有：系统控制权限，客户端访问服务器、服务器数据库、数据库里的子表、子表中的字段和记录，必须有相应的权限；网络控制权限，通过网络端口访问操作系统。其中数据库的访问与数据的访问是以数据库系统安全设置来完全控制的，而服务器的访问控制同时还包含了物理安全性管理与网络安全性管理。网络数据安全服务层次模型如图2.6-2所示。

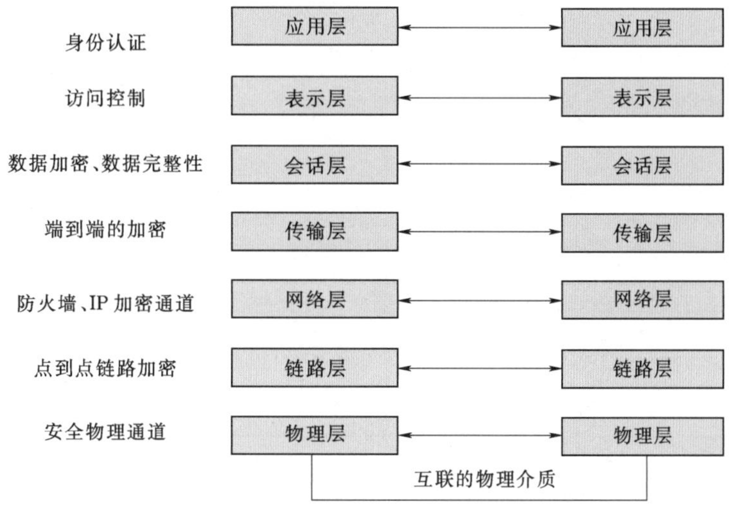

	身份认证	应用层	←→	应用层
访问控制		表示层	←→	表示层
数据加密、数据完整性		会话层	←→	会话层
端到端的加密		传输层	←→	传输层
防火墙、IP加密通道		网络层	←→	网络层
点到点链路加密		链路层	←→	链路层
安全物理通道		物理层		物理层

互联的物理介质

图2.6-2　网络数据安全服务层次模型图

对于系统的数据流，应严格按照下位机写入上位机；对于指令流，应严格按照上位机控制下位机。对于软件方面，系统的各工作界面应设置严格的访问操作权限，设置完善的登录日志。

在硬件方面，广域网和局域网之间应配置安全防护和隔离设备，主要采用硬件防火墙和高端网络交换机等。

安全监测关键技术

3.1 内部沉降变形监测

高土石坝安全监测技术的发展明显滞后于筑坝技术，不少监测仪器的适应性、耐久性、抗冲击性等仍停留在 100m 级坝高的水平，对于 200m 级以上的高坝，传统监测仪器已难以适应。

国内 200m 级堆石坝内部变形监测均采用传统水管式沉降仪和引张线式水平位移计，从其运行情况来看，主要存在仪器失效、维护困难、观测成果不准确等问题。其中引张线水平位移计沿基床带必然呈凹状分布，由于沿程不均匀变形必然导致引张线回缩产生测量误差，同时高坝导致长引张线沿程阻力大幅增加，传统钢丝配套重锤质量必然同步增加，钢丝折断概率大大增加。水管式沉降仪由于坝体中部沉降大、上下游侧沉降小，位于下部沉降测点所引管线沿程为凹形分布，在沉降最大部位至观测房必然形成"倒坡"，容易产生管路中的气泡，长管线存在回水困难，可能导致观测无法正常进行；管内环境适宜微生物的生存，易产生影响管道畅通的物质，导致测量系统失效。

3.1.1 心墙沉降监测

3.1.1.1 电测式横梁式沉降仪

昆明院联合南京南瑞集团公司研究了满足高土石坝心墙沉降的监测仪器——电测式横梁式沉降仪，传统的电磁式沉降磁环存在测斜管变形大后沉降测头无法放入进行观测等问题。通过研究电测仪器横梁式沉降仪对心墙进行分层沉降监测，将传统人工监测方法改进为电测方法进行监测，该成果已获得国家知识产权局颁发的实用新型专利证书。

传统横梁式沉降仪主要由管座、带横梁的细管、中间套管等三部分组成。每次观测时，先用水准仪测出管口高程，再用测沉器或测沉棒，自上而下依次逐点测定管内各细管下口至管顶距离，换算出相应各测点的高程。

糯扎渡工程采用电测仪器横梁式沉降仪对心墙进行分层沉降监测，将传统人工监测方法改进为电测方法。糯扎渡工程采用的电测式横梁式沉降仪示意如图 3.1-1 所示。

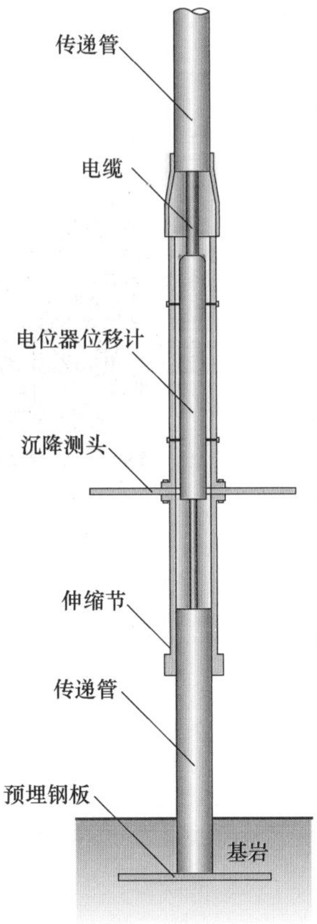

电测式横梁式沉降仪安装埋设（图 3.1-2）和观测方法如下：

（1）埋设前的准备工作。

1）检查沉降板、镀锌钢管、位移计、PVC 管是否符合规定要求，对每支传感器应进行编号记录。

2）在大坝心墙填筑前，测量确定基岩横梁式沉降仪的位置，并在垫层上开挖出 400mm×400mm×300mm（长×宽×

图 3.1-1 电测式横梁式沉降仪示意图

高）的坑，将预埋钢板放入坑中，周围回填砂浆固定，保持传递管铅直。

（2）安装埋设。

1）心墙的填筑与传递管及传递管保护管的埋设同步进行，在第一层传递管埋设时，应在其外表面涂沥青后，包裹夹滑石粉的双层塑料薄膜，其余位置传递管外侧套 PVC 保护管，以减少心墙对沉降仪的握裹力。

2）为防止坝体填筑时异物落于管内，传递管口用管堵封堵。

图 3.1-2 电测式横梁式沉降仪安装埋设

3）由于堆填过程中整套沉降仪会发生整体沉降，对于每层传递管顶高程需要跟踪测量，确定坝体心墙与沉降仪整体沉降量。

4）当坝体填筑至埋设高程时，对横梁式沉降仪进行挖坑埋设：①首先通过全站仪或预留标识找到管口位置，在管顶位置挖坑，坑底高程应高于管口 0.3m，坑底面积为 1.5m×1.5m；②再通过管顶位置向下挖一小坑，其平面尺寸为 0.5m×0.5m，坑底高程低于传递管高程；③通过连接件固定导向管，并将导向槽位置涂抹沥青后，包裹夹滑石粉的双层塑料薄膜，以防止坝体填筑时有异物进入并减少握裹力；④将沉降板套入导向管，连接板穿过导向槽，与沉降板固定，固定后用水平尺校正沉降板的水平度，以及与钢管的垂直度，测量沉降板的埋设高程，作为测量的始测高程；⑤将传感器伸缩杆与连接板固定，同时通过法兰盘安装仪器保护管；⑥将传感器调整至预拉位置后，用仪器保护管上的止头螺钉将仪器固定，电缆通过钢管内侧穿出，仪器保护管外侧涂抹沥青后，包裹夹滑石粉的双层塑料薄膜，以减少握裹力；⑦向坑内回填土料，沉降仪周围剔除 5cm 以上的颗粒或砾石，人工均匀夯实，使之与周围土料压实标准一致，并防止冲击沉降仪。

5）通过转换接头安装下一节传递管，在坝体填筑至下一沉降板设计高程时，重复上述开挖、埋设、回填夯实等步骤。

6）如采用分段埋设，在该段最后一支仪器埋设完成后，电缆从仪器保护管顶端接入电缆保护管内，引至坝顶；并对仪器保护管顶端进行封堵，起到阻隔渗水的作用。

7）埋设过程中应在每节传递管安装前和埋设后均采用全站仪进行控制测量，以保持传递管的垂直度，横梁沉降仪安装后累计偏斜率应控制在 5‰ 以内。

8）当沉降仪埋设到大坝顶面时，在管口建立混凝土保护墩进行保护，设盖板并加锁进行保护。

（3）电测式横梁式沉降仪初期观测方法如下：

1）横梁式沉降仪安装埋设过程中随时进行读数，以监视仪器工作是否正常，如出现异常，则立即查找原因并及时采取补救措施。

2）仪器安装埋设后，连续测读 5 次，取其中 3~5 次连续测值的平均值作为初始值。

3）在仪器上部心墙正常填筑的第一周每日测读 1 次，第二周、第三周每周测读 2 次，第四周后每周测读 1 次。

3.1.1.2 电磁沉降仪

土石坝心墙沉降通常采用电磁沉降仪进行人工监测,电磁沉降仪是根据高频电子理论和涡流的原理设计的,仪器合理地利用了涡流损耗的物理现象。当沉降仪经过沉降环(铁环)时,在铁环中存在涡流损耗,信号输出发生变化,当沉降仪远离铁环时,信号恢复到正常状态,记录信号发生变化时沉降仪的相对位置,经过处理后,可以计算出该测点的沉降量。

传统的电磁沉降仪主要有两大缺点:①电磁沉降仪对测斜管的埋设精度要求高,测斜管受挤压、过度弯曲、卡孔等因素都可能导致无法正常观测,高心墙堆石坝表现更为明显;②电磁沉降环为磁性体,长时间位于土下可能导致磁性体消磁,不利于永久监测。

针对上述问题,糯扎渡工程在电磁沉降监测上进行了相应改进和创新:①提高测斜管与周围土体变形协调性,主要是在每两节测斜管设置一个伸缩节以适应坝体变形,每个伸缩节外设置一根等长度PVC保护管以提高伸缩节的强度,埋设方式采用预留坑和人工回填,埋设过程中严格控制导槽方位角,较好地解决了测斜管的埋设问题。②提高耐久性,主要是将磁性沉降环改进为不锈钢环,通过感应不锈钢体后测头电流信号的改变来监测沉降,具有测量精度高、长期可靠性好的优点。

(1)电磁沉降仪及测斜管现场安装埋设如图 3.1-3 所示。

图 3.1-3 电磁沉降仪及测斜管现场安装埋设

沉降环及测斜管安装埋设方法如下:

糯扎渡大坝坝高 261.5m,远远超过以往建成的心墙堆石坝,要保证测斜管完好及垂直度,埋设技术难度很大。糯扎渡工程设计人员总结以往类似工程经验,认为由于保护桶内回填料摩擦力及桶周围坝料的握裹力较大,靠人力很难提升,沉降兼测斜管埋设采用直径100cm 的保护桶提升的方法不合适。经研究决定采用 4 块组装在一起的钢板形成一个四方形框代替直径 100cm 的保护桶,并对其他技术环节也作了改进。具体埋设方案如下:

1)大坝填筑前,在基础面钻孔,孔径 110mm,孔底深入基础相对不动点,底部安装沉降环,基础以下部分的测斜管采用 M15 水泥砂浆固定。

2)大坝填筑时,在高出基面1.5m测斜管外部安置钢板保护装置,钢板保护装置由4块用铰链连接在一起的钢板组成。先进行钢板外围周边填料,然后人工对钢板内回填心墙

料，保护装置内采用振动碾振动压实。

3）待钢板保护装置周边需碾压时，将钢板连接铰链打开，每块钢板可单独提升。这样就降低了采用保护桶整体提升的难度，取得了较好的效果。

（2）沉降环及测斜管初期观测方法如下：

1）每次观测前，应采用全站仪测量孔口坐标及高程，以作为位移计算及校核基准。

2）测斜及电磁沉降观测应先后进行，前后观测时间应在同一天之内。

3）坝料正常填筑过程中，每周至少测读1次；安装完成后应及时测读测斜管及沉降环的测值。每个测头读数5次并取其平均值作为测值。

4）如果连续几次观测数据的最大相对位移大于0.15mm，应对读数仪与传感器探头进行检查与率定，并应重测。

5）沉降仪的观测方法按照厂家相关要求进行，每半年须对沉降仪测绳做一次长度标定。

3.1.1.3 监测成果

心墙自2008年12月开始填筑，心墙填筑过程曲线如图3.1-4所示。

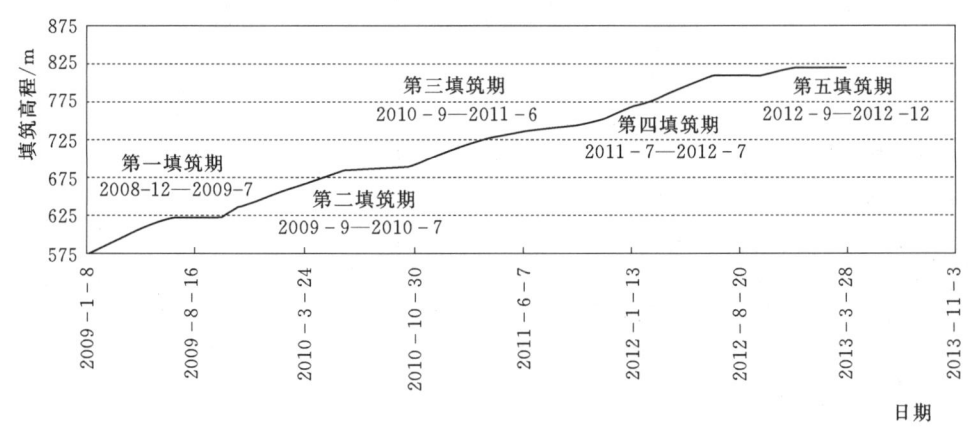

图 3.1-4 心墙填筑过程曲线

心墙自2008年12月开始填筑，分别经历了五个填筑期和四个雨季停工期。心墙沉降监测主要采用布置于心墙中部A—A、C—C和D—D断面的电磁沉降仪，监测成果时效性很好。

心墙位移变化与坝体填筑过程具有高度相关性，心墙沉降主要发生在填筑期。心墙位移呈河床中部大、两岸岸坡小的分布特征。心墙最大沉降发生在坝体中部C—C断面，沉降量呈中上部大、顶部和底部小的特征，主要发生在填筑期，第一填筑期最大位移为384mm，第二填筑期最大位移为951mm，第三填筑期最大位移为1985mm，第四填筑期最大位移为3413mm，第五填筑期最大位移为3552mm，坝体位移随填筑高度增加而增加，雨季停工期间，位移变化趋缓。心墙已于2012年12月填筑到顶。位移分布特征与有限元计算结果一致，符合预期。

截至2014年8月，能够观测到的实测最大沉降量为4046mm，发生在河床断面高程743.856m处，约为心墙最大填筑高度的1.55%，与同类工程对比，心墙沉降率处于正常状态，蓄水前后心墙沉降变形规律没有明显变化。C—C断面（坝0+309.600m）心墙沉降过程曲线如图3.1-5所示，心墙各填筑期及运行期最大沉降量统计见表3.1-1。

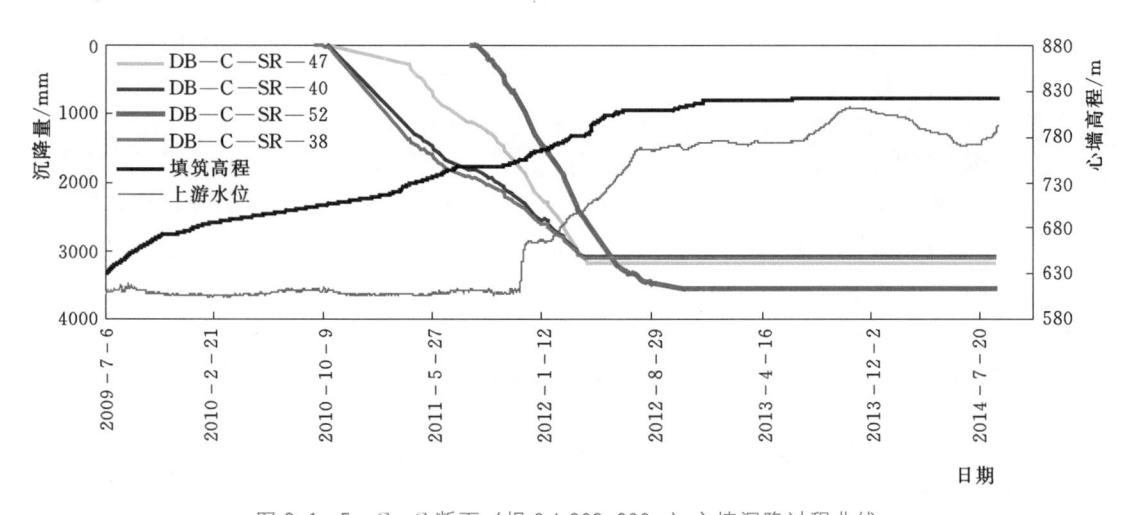

图 3.1-5　C—C 断面（坝 0+309.600m）心墙沉降过程曲线

表 3.1-1　　　　　　　　心墙各填筑期及运行期最大沉降量统计

时 期	测值日期	最大沉降量/mm	心墙高度/m	沉降率/%
第一填筑期	2009-7-31	384	62.83	0.65
第二填筑期	2010-8-29	951	128.16	0.60
第三填筑期	2011-7-1	1985	177	0.61
第四填筑期	2012-7-30	3413	247.60	1.38
第五填筑期	2012-12-20	3552	261.10	1.36
运行期	2014-8-18	4046	261.10	1.55

3.1.2 上游堆石体沉降监测

水库蓄水后上游堆石体淹没在水中，传统的水管式沉降监测仪器需要建立观测房，因此不具备观测条件，故传统监测设计中放弃土石坝上游堆石体沉降监测。由于受施工及蓄水的影响，心墙堆石坝上游堆石体内部沉降监测难度较高，目前国内已建的心墙堆石坝基本未对上游堆石体内部沉降进行监测。从工程的重要性来看，上游堆石体蓄水后大部分位于水下，可能产生湿陷变形，运行期水位变化对上游堆石体变形影响较为直接，因此，上游堆石体的内部变形监测十分重要。

3.1.2.1 弦式沉降仪

针对上述问题，糯扎渡水电站首次采用弦式沉降仪对上游堆石体内部沉降变形进行监测。由于弦式沉降仪最大测量范围有限（小于 70m），蓄水后低部高程观测房将位于水下，为保证监测数据的完整性，分别在沉降测头对应位置布置渗压计，在岸坡稳固岩体相同高程对应布置渗压计，通过岸坡渗压计与堆石体渗压计测值之差得到堆石体沉降值。

弦式沉降仪固定在沉降盘上，通过通液管将蒸馏水（防冻液）输入到沉降仪，形成蒸馏水（防冻液）水柱，水柱产生的压力直接作用在传感器的承压膜上，通过测量传感器频率的变化计算出压力变化值，经过换算得到水柱的高度。测量水柱液面高程，可计算沉降

盘高程。弦式沉降仪监测原理与水管式沉降仪类似，主要是利用连通管原理，将压力传感器封装在沉降盒中，利用压力传感器所测水头计算沉降量。该仪器与水管式沉降仪的不同之处在于只设一根连通管，没有排水管和排气管（图 3.1-6）。

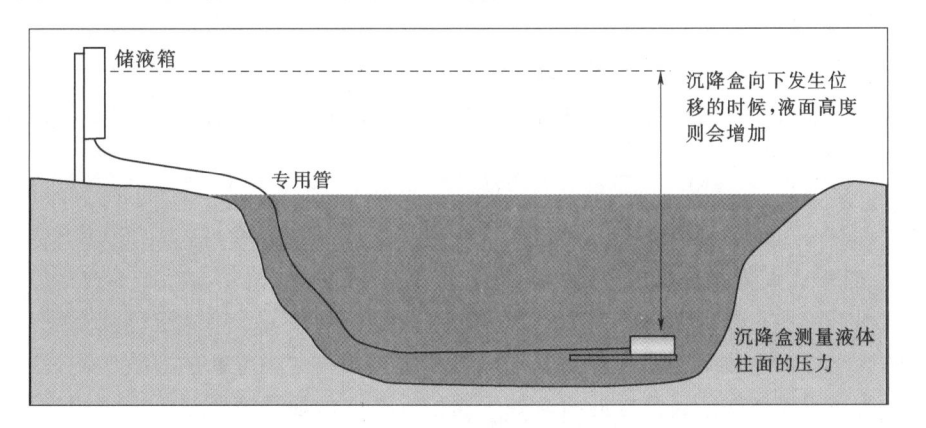

图 3.1-6　弦式沉降仪观测原理示意图

（1）弦式沉降仪及现场安装埋设如图 3.1-7 所示。弦式沉降仪安装埋设方法如下：

图 3.1-7　弦式沉降仪现场安装埋设

1）埋设前的准备工作：①检查锚头、导管、可压缩不锈钢护管、传感器是否符合规定要求；②根据监测布置图对安装弦式沉降系统的位置应进行测量定位，并做明显标志，将测量定位资料及时整理，认真记录在埋设考证表内。

2）安装埋设：①弦式沉降系统钻孔孔径为 110mm，钻孔倾斜度控制在 1% 以内；②弦式沉降系统在室内组装成套，运至现场后可直接安装到钻孔中，当传感器到达选定位置后激活液压锚头；③钻孔回填采用浓稠泥浆，回填过程中应采用排气管排出浆液内空气以使灌浆密实，在钻孔回填之前应进行不同比例泥浆固化后变形模量试验，应保证其变形模量与周围心墙一致；④浆液凝固后，将传感器定位在设定高程，然后将储液罐定位并将电缆引出。

（2）弦式沉降仪初期观测方法如下：

1）采用水准测量将沉降板所在绝对高程作为系统沉降计算的初始值。对于传感器，

连续测读 5 次并取其平均值作为初始值。

2）在仪器上部心墙正常填筑的第一周每日测读 1 次，第二周、第三周每周测读 2 次，第四周后每周测读 1 次。

3.1.2.2　监测成果

上游堆石体竖直向位移呈河床中部大、两岸岸坡小的分布特征，符合上游堆石体变形的一般规律。随着库水位的平稳，垂直位移主要受时间效应影响而缓慢增长，已逐渐趋于稳定。

3.1.3　下游堆石体沉降监测

3.1.3.1　四管式水管式沉降仪

土石坝下游堆石体内部沉降监测通常采用水管式沉降仪，水管式沉降仪适用于长期观测土石坝、土堤、边坡等土体内部的沉降，是了解被测物体稳定性的有效监测设备。水管式沉降仪是利用液体在连通管内的两端处于同一水平面的原理而制成，在观测房内所测得的液面高程即为沉降测头内溢流口液面的高程，液面用目测的方式在玻璃管刻度上直接读出。被测点的沉降量等于实时测量高程读数相对于基准高程读数的变化量，再加上观测房内固定标点的沉降量即为被测点的最终沉降量。观测房内固定标点的沉降量由视准线测出。水管式沉降仪的优点为：测量原理简单，测量结果直观（图 3.1-8）。

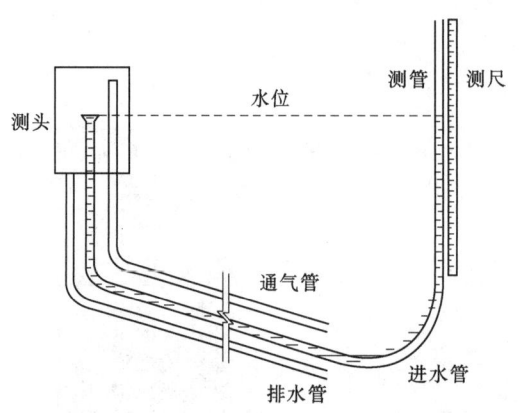

图 3.1-8　水管式沉降仪示意图

该仪器在坝高 300m 以内的管线中有较好的应用案例，一般采用三管式水管式沉降仪，即一根进水管、一根进气管和一根排水管。对于坝高 300m 以上的监测管线，水管式沉降仪在应用过程中常常出现因线路过长带来监测精度下降、观测困难等难题。

糯扎渡大坝下游堆石体内部沉降监测管线超过了 300m（约 320m），下游堆石坝由于线路长，传统的沉降及水平监测仪器往往出现管路堵塞、线体拉断等原因导致的测值异常甚至失效现象。为提高仪器精度和可靠性，首次采用四管式水管式沉降仪监测高心墙堆石坝下游堆石体内部沉降，将水管式沉降仪由传统三管式改进为四管式，即两根进水管、一根进气管和一根排水管，以适应下游堆石体超长监测管线（超过 300m）的内部沉降监测，该成果已获得国家知识产权局颁发的实用新型专利证书。

改进后的管路具有以下优点：①两根进水管同时观测的情况下，观测房中两根水管水位之差应为恒定值，同步观测可以减少人为误差，提高精度；②两根进水管可以相互备份，即当其中一根进水管堵塞时，另一根进水管可以替代，提高了仪器可靠性；③当观测系统最薄弱的环节——排气管堵塞时，传统三管式便无法观测，但采用两根进水管的情况下可以将其中一根进水管作为排气管，大大提高了整条管线的可靠性。

（1）四管式水管式沉降仪现场安装埋设如图 3.1-9 所示。四管式水管式沉降仪安装

埋设方法如下:

图 3.1-9　四管式水管式沉降仪现场安装埋设

1) 埋设前的准备工作:①基床带敷设。在坝体填筑超过仪器埋设高程 2m 后以反铲挖出一条自上游第一个测点至观测房的沟,沟深 2m,宽 2.5m。在沟底铺填一层最大粒径 300mm 的细堆石料,厚 50cm,以振动碾碾压 5 遍,再铺一层 50cm 厚的河滩料,铺层表面剔除粒径大于 5mm 的颗粒,以振动碾碾压 3~5 遍。基床带表面起伏差不大于 5mm。②测量仪器和回填碾压机具准备。

调度好坝料回填的运料车辆和碾压机具。在准备监测仪器设备时,各类管路和线体必须预留足够长度,应保证每根管路的放样长度比实际长度再加长 10~15m。

2) 仪器安装埋设:①在水平位移测线旁以人工挖一条 50cm 宽的沟,沟底以 1%～2% 坡度朝向观测房,做好沟底由粗向细的"反滤"保护。②沉降测线安装前,应进行管路气密性试验,检查管路经过运输后的完好性。③沿沟排放进水管、出水管和排气管并用胶带缠紧成一束并穿入 ϕ50mm 保护管。把进水、出水和排气管管端连接到沉降测头。重复上述程序,连接测线上所有沉降测头。④各测头所需管路尽可能减少接头。若必须使用接头连接时,需使用专用接头连接。一个沉降测头四条管路的连接头不可在同一位置,必须错开约 50cm。在安装过程中必须对各管路连接接头编号,并记录接头与从沉降测头至下游方向的保护管之间的位置关系,以便发现密封性等不符合质量要求时,重新处理连接接头等。⑤为保证管路在保护管内处于完全松弛状态,管路与沉降测头底部连通水管接头、通气管接头、排水接头连接时,应先将管路再向上游侧拉一段长度,然后将管路往保护管回推。对于 100m 以上的长管线,应每隔 50～100m 设置一个伸缩盒以适应变形。⑥一条测线上所有沉降测头的保护管的下游端穿入观测房。各保护管内的进水、出水管与观测房内读数板上各编号的竖立读数玻璃管和充水阀门连接。连接完成后以蒸馏水对各测头做充水调试。⑦在各沉降测头浇混凝土墩,混凝土标号不小于 C25。

3) 仪器安装完成后的坝料回填:①两条测线安装完成后进行引张铟钢线的试牵引和沉降测头与管路的充水调试,调试完成并验证工作正常后方可进行沿测线的坝料回填。②沿基床带铺一层包裹测线的河滩料,该层河滩料须剔除粒径大于 5mm 的颗粒并以人工捣实,铺层沿管线的厚度为 50cm,在测头混凝土墩处需加厚,必须包裹住混凝土测头。③在河滩料上铺两层 50cm 厚最大粒径 300mm 的细堆石料,每层都以振动碾静压 6 遍。

在细堆石料上铺一层厚 80cm 的堆石料，以振动碾静压 6 遍。之后恢复到正常上坝铺料，振动碾压。

（2）四管式水管式沉降仪初期观测方法如下：

1）在水平位移和沉降测线安装调试并完成基床带坝料回填后，测读水平位移和沉降的初始值。每个测头测读 5 次并取其平均值作为初始值。

2）以三角网测量和水准测量读取观测房自身的初始读数。

3）在测线上部坝料正常填筑的第一周每日测读 1 次，第二周、第三周每周测读 2 次，第四周后每周测读 1 次。

3.1.3.2　监测成果

下游堆石体 A—A、C—C、D—D 断面各测点最大沉降量在 658.86～2601.46mm，下游堆石体最大填筑高度为 259.4m，最大沉降量占堆石高度的比例为 1.00%。从实测沉降位移过程曲线来看，下游堆石体沉降与填筑过程紧密相关，测值规律性较好。从位移分布来看，最大位移带集中于堆石体中部的高程 738.00m 处，最大沉降部位大体分布在靠近心墙的下游堆石体中上部，符合心墙堆石坝变形分布规律，表明监测成果较为可靠。下游堆石体水位在蓄水后基本没有变化，其变形未受蓄水影响，仍受坝体填筑控制。坝体最大断面 C—C 下游堆石体沉降实测值过程线如图 3.1－10 所示。

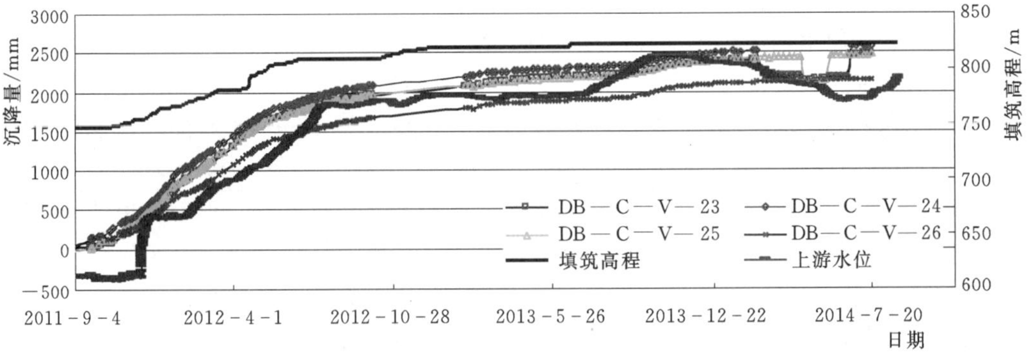

图 3.1－10　坝体最大断面 C—C 下游堆石体沉降实测值过程线图

3.2　错动变形监测

3.2.1　心墙与反滤之间的错动变形监测

3.2.1.1　剪变形计

对心墙堆石坝来讲，心墙与反滤之间的错动变形是变形协调分析中重要的一项内容。受监测手段制约，目前国内对心墙与反滤之间的错动监测尚无先例。糯扎渡水电站工程率先将剪变形计引入心墙与反滤之间的错动变形监测。剪变形计采用土体位移计改装，在位移计两端设置上下锚固板，其中上锚固板位于心墙，下锚固板位于反滤。剪变形计现场安装埋设如图 3.2－1 所示。

（1）剪变形计安装埋设方法如下：

图 3.2-1 剪变形计现场安装埋设

1）埋设前的准备工作：①坝体填筑面达到设计锚固高程时，在填筑面测量定位；②对于埋设于垫层与心墙之间的剪变形计，应在垫层混凝土面开挖沟槽，并在上端打深 1.0m、孔径大于 60mm 的锚杆孔，然后放入 ϕ20mm、长 1m 的带铰接头的钢筋，并用砂浆充填；③对于埋设于心墙与反滤之间的剪变形计，在设计锚固高程预埋长 2m 且带有铰接头的钢筋，待心墙填筑 1～2 层后再开挖沟槽，沟槽大小应便于仪器安装埋设。

2）安装埋设：①位移计套上保护钢管，端头用涂黄油的棉纱或麻丝塞满，并按设计要求对位移计进行组装（位移计底部应安装隔板），将位移计压缩至满量程，引出电缆。②仪器埋设时要求剪变形计轴线与所监测心墙面或垫层混凝土面平行，铰转动中心应与位移计中心线在同一个面上，仪器下部应深入反滤或心墙 1m 以上。③电缆在交接面以 U 形放松，以适应坝体变形。各铰接点处均涂黄油，并用涂油棉纱或麻丝包裹。④用原坝料中的细料人工回填沟槽。仪器埋设 1.5m 范围内采用人工回填压实，直至位移计顶面 1.0m 以上才能进行坝体正常填筑。

（2）剪变形计初期观测方法如下：

1）剪变形计安装埋设后沟槽回填及第一层、第二层坝料填筑时每 4h 读数 1 次，以监视仪器工作是否正常，如出现异常则立即查找原因并及时采取补救措施。

2）在直接影响层后的施工期每日测读 1 次，持续两周，并取其中 3～5 次连续测值的平均值作为初始值，之后两周每周测读 2 次，然后转为每周测读 1 次，遇汛期加密观测。

3.2.1.2 监测成果

随着心墙持续填筑，心墙与反滤间剪变形计绝大部分处于受压状态，表现出心墙沉降大于反滤的规律，并随填筑高程增加压缩量持续增加，符合现场实际。坝体填筑完成后，心墙与反滤间剪切错动趋于稳定，基本不受水位抬升影响。D—D 断面心墙与反滤间典型剪变形计位移过程曲线如图 3.2-2 所示。

心墙与反滤之间产生相对错动变形主要由堆石体与心墙间的变形差异导致，但剪变形计实测错动变形均为受压，即心墙沉降大于反滤沉降，表明心墙与堆石体之间的差异变形主要被反滤层进行了消解，大坝整体具有变形协调性。

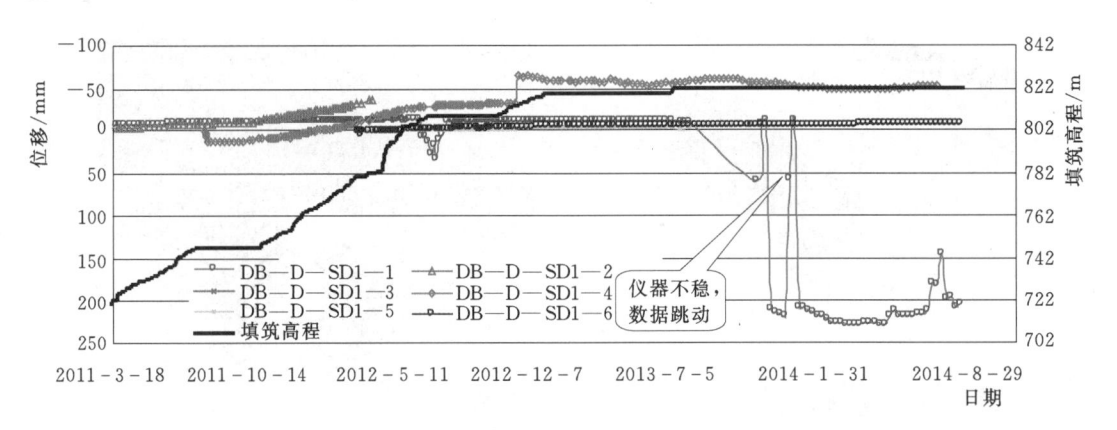

图 3.2-2 D—D 断面心墙与反滤间典型剪变形计位移过程曲线

3.2.2 心墙与混凝土垫层之间的相对变形监测

3.2.2.1 土体位移计组

心墙与混凝土垫层之间相对变形监测主要采用土体位移计组，其监测能了解心墙与垫层交界部位的拉伸变形情况和出现拉裂缝的可能性，并以此判断工程安全状况。由于在心墙与混凝土垫层交界部位变形梯度大，以往工程常常出现因变形梯度过大导致传感器失效的情况。

针对上述问题，进行了相应的改进和创新：①采用 500mm 超大量程的电位器式位移计，避免仪器量程估计不足带来仪器失效；②位移计分段设置，采用 3m、8m、18m、30m、45m 间距的递增方式，使得仪器适应最大拉应变量程为 16%，大大提高了仪器成活率。

土体位移计组现场安装埋设如图 3.2-3 所示。

图 3.2-3 土体位移计组现场安装埋设

（1）土体位移计组安装埋设方法如下：

1）埋设前的准备工作：①在坝体填筑超过土体位移计组设计高程 1.2m 时，测量定

出测点在坝面的平面位置，并按测定线开挖坑槽至埋设点高程；②在混凝土垫层上打一个深 1.0m、孔径大于 60mm 的孔，孔内碎石用风钻吹尽，然后放入 $\phi20mm$、长 1m 的钢筋，并用砂浆充填；③整平基床带，其不平整度应小于 5mm。

2）安装埋设：①在每个连接杆上套适配直径和长度的软塑料管，套管时连接杆上涂一层黄油，以减少摩擦和防锈，套好后两端用黄油封口；②位移计外套适配直径的钢管，两端用涂黄油的棉纱或麻丝封口，防止泥沙进入；③按设计要求对位移计进行组装，每两段土体位移计之间应用隔板隔开，并将位移计压缩至满量程，引出电缆；④电缆在交接面以 U 形放松，以适应坝体变形，各铰接点处均涂黄油，并用涂油棉纱或麻丝包裹；⑤用原坝料中的细料人工回填沟槽，仪器埋设 1.5m 范围内采用人工回填压实，直至位移计顶面 1.0m 以上才能进行坝体正常填筑。

（2）土体位移计组初期观测方法如下：

1）土体位移计组安装埋设后沟内回填及第一层、第二层坝料填筑时，每 4h 读数 1 次，以监视仪器工作是否正常，如出现异常则立即查找原因并及时采取补救措施。

2）在直接影响层后的施工期每日测读 1 次，持续二周，并取其中 3～5 次连续测值的平均值作为初始值，之后二周每周测读 2 次，然后转为每周测读 1 次，遇汛期加密观测。

3.2.2.2　监测成果

位于左岸土体位移计组实测分段位移在 181.77～693.72mm；位于右岸土体位移计实测分段位移在 288.71～871.99mm。心墙与垫层间局部部位相对变形较大，但局部变形增大没有向下延伸，心墙与垫层间接触基本良好。心墙与岸坡混凝土垫层间土体位移计测值过程曲线如图 3.2－4 所示。

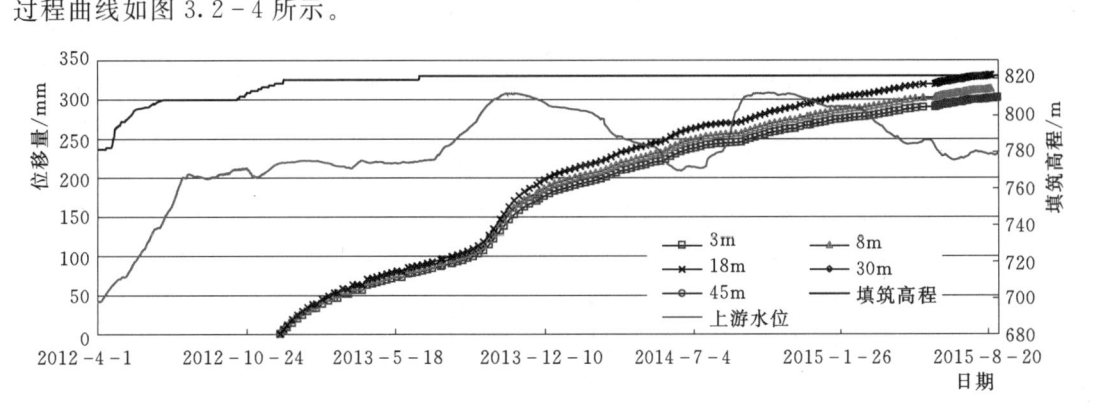

图 3.2－4　心墙与岸坡混凝土垫层间土体位移计测值过程曲线

3.3　心墙空间应力监测

3.3.1　六向土压力计组

对于超高心墙堆石坝来说，因坝高带来的材料、力学等问题往往超过人们的一般认识，研究心墙应力分布可以为反演分析中本构模型优化调整提供依据。因此，糯扎渡工程首次在心墙布置了多组六向土压力计组，监测心墙的空间应力分布情况。从监测成果与计

算成果对比分析可以看出，计算成果与监测成果在量值、变化规律上吻合程度较高，计算反演的参数较好地反映了心墙实际情况，心墙空间应力监测对高坝工作状态分析和反馈设计提供了可靠的基础资料。六向土压力计组布置及现场安装埋设如图 3.3-1 所示。

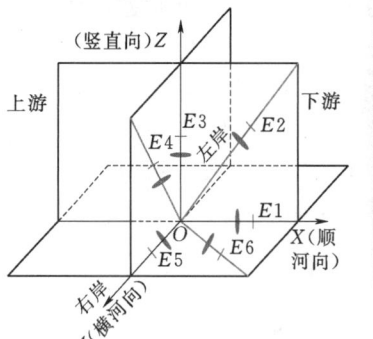

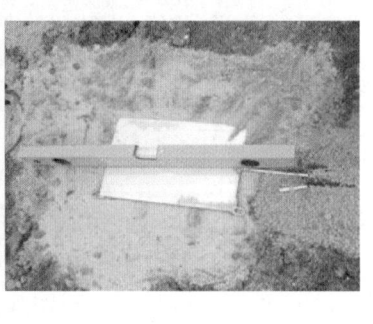

图 3.3-1　六向土压力计组布置及现场安装埋设

（1）六向土压力计组安装埋设方法如下：

1）埋设前的准备工作。根据所埋设部位的土压力计数量确定仪器埋设垫床的大小，其尺寸应能满足土压力计或土压力计组的安装埋设。在垫床开挖完成后，应根据各支土压力计的设计轴线方向修整埋设基座。对于土压力计组，各支土压力计埋设间距约为 2m，土压力计中心点应在同一高程上。

2）安装埋设：①平整开挖坑基床，在其上铺约 5cm 厚的潮湿均匀河滩料（仅在放置土压力计的基床面上铺砂），将土压力计放置在砂垫层上，校准各土压力计的中心点，再填约 5cm 厚的潮湿均匀河滩料（垂直放置的土压力计砂层敷设于土压力计周围），然后回填剔除砾石的心墙料，采取人工夯实，其干密度应达到设计要求。②土压力计埋设过程中应注意防止土压力计位置移动，传感器、连接管及压力盒周围应充填密实。③仪器埋设及坑沟回填过程中连续测读，如果发现异常则应及时排除。在仪器埋设层上的四层填土必须静压，以防损坏仪器。

（2）六向土压力计组初期观测方法如下：

1）仪器埋设层以上四层静压填土每层连续测读 3～5 次，作为初始值。

2）在仪器上部心墙正常填筑的第一周每日测读 1 次，第二周、第三周每周测读 2 次，第四周后每周测读 1 次。

3.3.2　监测成果

左岸岸坡心墙（A—A 断面）实测土压力为 0.21～4.11MPa，右岸岸坡心墙（D—D、E—E 断面）实测土压力为 0.48～3.83MPa，最高坝段心墙（C—C 断面）实测土压力为 0.56～4.22MPa，最大应力发生于该断面上游 I 反混凝土垫层面。

应力分布为河床中部心墙应力大、两岸岸坡小，断面内下部高程应力大于上部高程，符合一般认识；从测值时间过程线来看，土体应力与坝体填筑具有较高的相关性，土体应力随填筑高程增加而增加；第三阶段蓄水至正常蓄水位期间，在心墙下部高程土压力整体

随水位有所增大，中上部心墙上游侧土压力呈减小趋势，下游侧呈增大趋势。心墙在各横断面中上部存在一定程度的拱效应。

根据心墙空间应力监测成果，心墙土侧压力系数为 0.62～0.69，六向土压力计组各方向实测应力为 0.62～2.09MPa，最大压应力发生在右岸心墙 Z 向土压力计，测值为 2.09MPa，其分布规律为竖直向应力最大，与竖直向相关的 XZ 向、YZ 向应力大于与水平向相关的 X、Y、XY 向，顺河向应力最小。

3.4 监测自动化系统

糯扎渡 300m 级高心墙堆石坝大型安全监测自动化系统集测量机器人、GNSS 变形监测系统、内观自动化系统于一体。其中心墙堆石坝子系统布置 2 套测量机器人，自动监测 70 个表面变形监测点；布置 GNSS 变形监测系统，自动监测 52 个表面变形监测点；布置 1400 个内观监测点。

3.4.1 心墙堆石坝表面变形监测自动化

传统高土石坝外部变形监测技术为采用表面变形监测点人工观测方式，存在效率低、数据人为误差大、以点代面等缺点，同时人工观测需要建立工作基点，全面监测高土石坝下游坝坡需要分高程建立不同的工作基点，点位选择较困难。为此，需求具有自动、实时、全天候的智能监测模式成为高土石坝表面变形监测的一个方向和趋势。

1957 年 10 月 4 日，世界上第一颗人造地球卫星发射成功，标志着人类进入空间技术的新时代。60 多年来，由于卫星测量的发展，特别是 GPS（global positioning system，全球卫星定位系统）的成功建立和应用，测绘行业经历了一场深刻的技术革命。现在卫星通信和全球卫星定位系统（GPS）已广泛应用于社会的各个行业。与常规方法相比，GPS 监测系统具有以下优势和特点：①不受气候等外界条件影响，可全天候监测；②所有变形监测点的观测时间同步，能客观反映某一时刻滑坡体各监测点的变形状况；③可同步测出监测点的水平位移和垂直位移；④可实现全自动监测。

糯扎渡水电站心墙堆石坝变形监测至关重要。为了实现大坝表面变形的自动化监测，需要应用新的监测技术代替常规的人工大地测量方法，经参建单位深入调研和研究，决定采用 GNSS（global navigation satellite system，全球导航卫星系统）单机单天线变形监测系统。GNSS 变形监测系统可 24h 连续不间断工作，不受天气因素影响，可作为大坝表面变形监测自动化的基本方案。另外，GNSS 变形监测系统造价高、精度稍低，为降低造价并保证监测系统的精度，需建立测量机器人系统作为 GNSS 变形监测系统的重要补充。糯扎渡工程心墙堆石坝表面变形监测自动化具体实施方案为：将上游堆石体的 L8、坝顶的 L6、下游堆石体的 L3 和 L5 视准线测点及下游坝坡观测房顶部的测点，共计 52 个测点作为 GNSS 变形监测系统的测点，并建立 GNSS 变形监测系统；将 L1～L6 和 L8 视准线所有的测点，共计 70 个测点作为测量机器人系统的测点，并建立测量机器人系统。

3.4.1.1 GNSS 变形监测系统

糯扎渡大坝 GNSS 变形监测系统主要由空间部分（人造地球卫星）、地面监控部分（分布在地球赤道上的若干个卫星监控站、注入站和主控站）和用户部分（用于接收卫星信号的设备）三部分构成。

1. 定位原理

由于传播时间 Δt 中包含有卫星时钟与接收机时钟不同步的误差、卫星星历误差、接收机测量噪声以及测距码在大气中传播的延迟误差等，由此求得的距离值并非真正的站星几何距离，习惯上称之为"伪距"。四个未知数需要至少四个方程，即 4 颗卫星的位置和伪距，因此 4 颗卫星是 GNSS 变形监测系统要求的最少卫星数。GNSS 变形监测系统定位原理示意如图 3.4-1 所示。

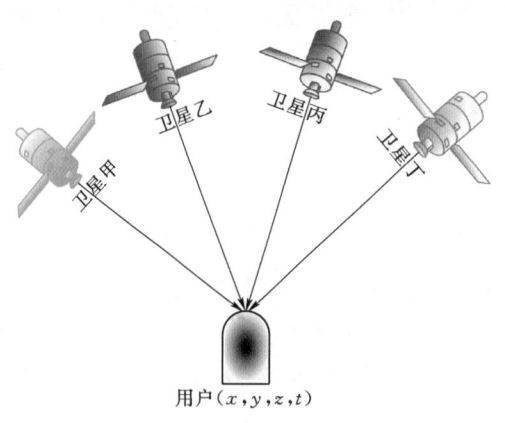

图 3.4-1 GNSS 变形监测系统定位原理示意图

GNSS 方程或伪距方程为

$$\rho^i = \sqrt{(x^i_{sv} - x_{ue})^2 + (y^i_{sv} - y_{ue})^2 + (z^i_{sv} - z_{ue})^2} + c\delta t_{ue}$$

式中：i 为卫星的索引号，$i = 1，2，3，4，\cdots，n$，已知；ρ^i 为到第 i 颗卫星的伪距；$(x^i_{sv}，y^i_{sv}，z^i_{sv})$ 为第 i 颗卫星的位置，未知；δt_{ue} 为用户钟差；$(x_{ue}，y_{ue}，z_{ue})$ 为用户的位置。

2. 网络结构

GNSS 变形监测系统主要包括天线、接收机、通信系统及相关解算、坐标转换和分析处理软件等组成部分。接收信号主要为美国 GPS、俄罗斯 GLONASS、欧洲 Galileo 及中国的北斗等卫星信号。其中以 GPS 为主、GLONASS 为辅、Galileo 和北斗作为未来的补充。糯扎渡大坝 GNSS 变形监测系统网络结构如图 3.4-2 所示。

3. 基准站

基准站能长期连续跟踪观测卫星信号，并实时为各测点提供高精度的载波相位差分数据及起算坐标。根据糯扎渡大坝现场实际情况及收星测试成果，GNSS 变形监测系统共建立 2 个基准站，并将 2 个基准站纳入枢纽区永久外部变形监测网进行定期复测，以提高测量精度。糯扎渡大坝 GNSS 变形监测系统基准站如图 3.4-3 所示。

4. 监测点

实施过程中，选择了大坝 4 条永久视准线及坝后观测房上的所有测点，共计 52 个表面变形监测点作为 GNSS 变形监测系统的监测点。由于 GNSS 变形监测系统主要靠卫星信号进行监测，为了保证卫星信号受干扰时监测资料的连续性，同时为了将 GNSS 监测系统的监测数据与测量机器人系统的监测数据进行相互印证和对比，在每个测点设置一个 360°全向棱镜，以便 GNSS 变形监测系统和测量机器人系统能同时对上述的 52 个测点进行自动化监测。糯扎渡大坝 GNSS 变形监测系统监测点如图 3.4-4 所示。

5. 系统工作方式

GNSS 变形监测系统主要由现场基准站及测点的户外工作和监测管理站室内的工作等两部

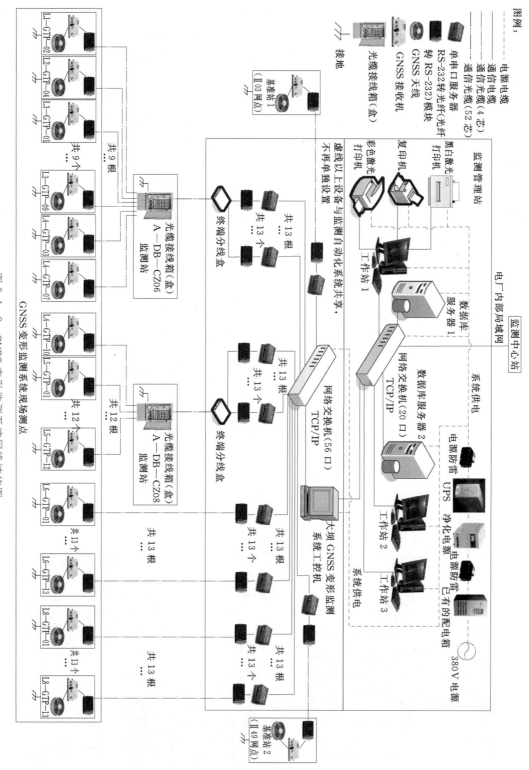

图 3.4-2　GNSS 变形监测系统网络结构图

图 3.4-3　GNSS 变形监测系统基准站　　　　图 3.4-4　GNSS 变形监测系统监测点

分组成。现场户外的各个基准站和测点通过卫星信号实时采集数据，通过通信光缆传输至监测管理站工控机，在监测管理站内对数据进行相关的坐标转换、解算和处理等，处理后的数据在安全监测信息管理及综合分析系统层面实现集中统一管理和综合分析。GNSS 变形监测系统采用 24h 实时在线工作方式。

6. 系统软件

(1) GNSS 控制软件 GNSS Spider。Spider 软件是专门设计与 Leica GR10、GNSS System 1200 (如 GRX1200 GG Pro 或 GRX1200 ＋ GNSS)、GPS System 900 (如 GMX901＋GNSS)、GPS System 500 (如 RS500 或 MC500) 或其他厂商的 GNSS 硬件联合工作的，可以用于一个或多个永久参考站。使用 GNSS Spider 软件可以通过参考站网为当地区域 (城市、矿区、建筑区域) 提供 GNSS 服务，也可以提供 GNSS 原始数据文件、DGPS、RTK 和网络 RTK 服务 (图 3.4-5)。

(2) GeoMoS 监测及分析软件。徕卡 GeoMoS 软件是一套由徕卡公司推出的专门用于永久监测物体位移的自动化监测软件，如建筑物、大坝、边坡等物体的位移。GeoMoS 可以根据用户设定的限差对观测数据及结果进行比对，若发现观测数据超出设定的限差，系统会按照用户定义的告警方式告警，如软件界面显示超限、电子邮件、手机短消息、报警器鸣叫等。GeoMoS 包含监测 (Monitor) 及分析 (Analyzer) 2 个模块 (图 3.4-6)。

监测模块主要负责设备 (包括对全站仪、GPS 数据、雨量计、温度气压计、倾斜仪等设备) 的管理，测量计划的安排，数据的存储，计算结果、测量数据及成果的检核，系统消息的生成。监测模块拥有成熟的全站仪测量和计算程序，能为要求极高精度的应用提供理想的解决方案。

分析模块主要负责数据分析及成果显示以及生成分析图表供打印输出。可以图形化和数字化呈现数据。其结果可用不同的方法来显示，如时间序列图，从而表示在所选择时间段上的移动趋势。很多点可以同时在一个图像上表示 (图 3.4-7)。

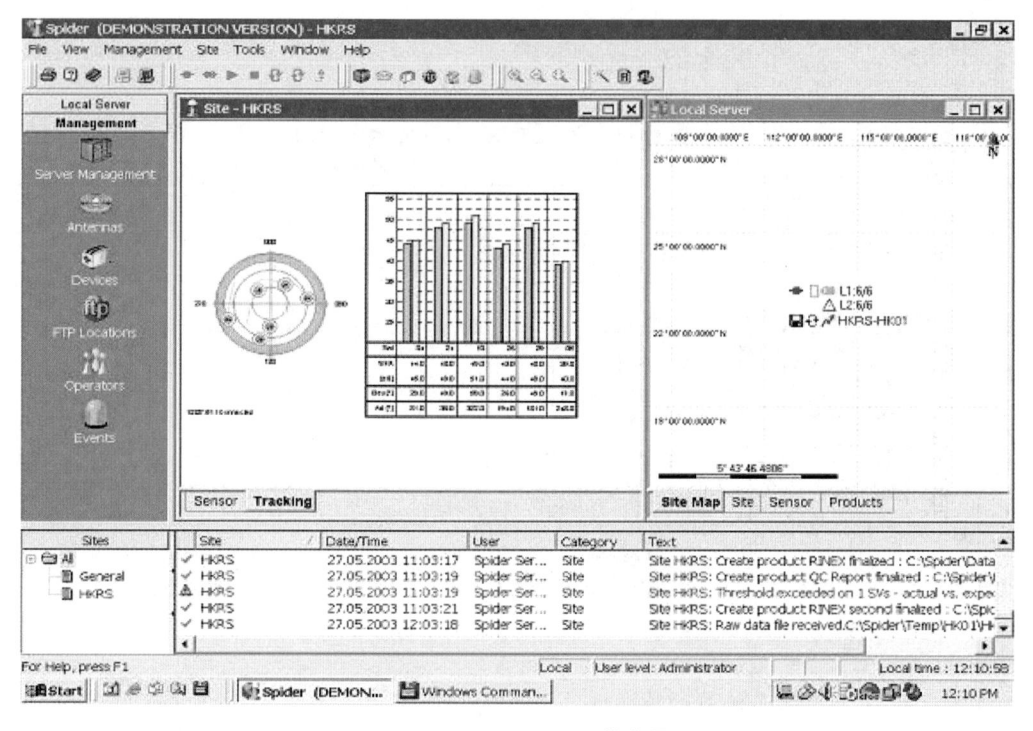

图 3.4-5　GNSS Spider 软件界面

图 3.4-6　GeoMoS 软件监测模块界面

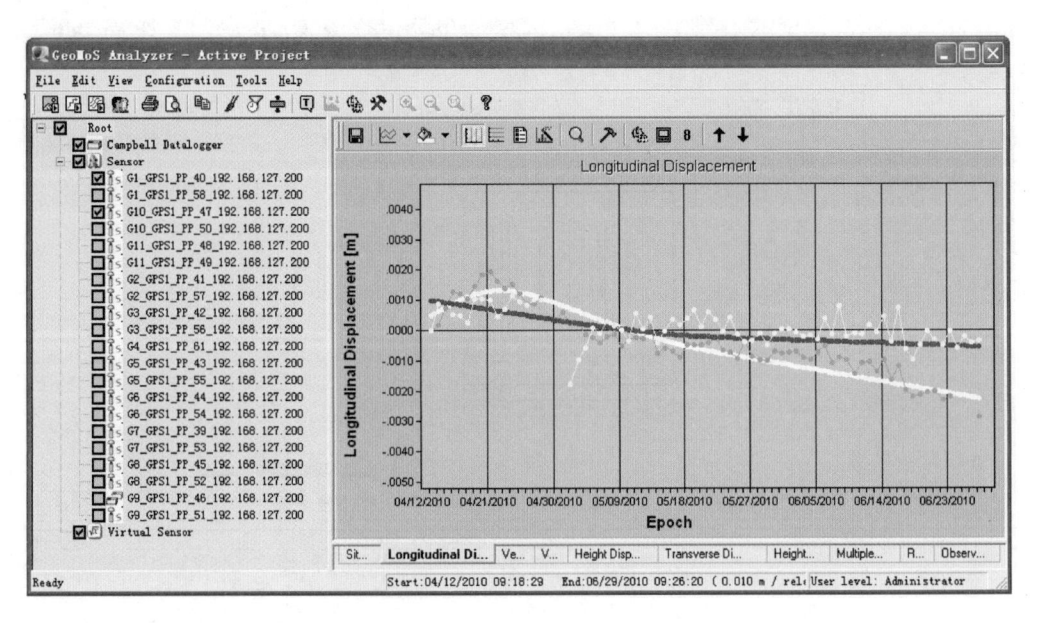

图 3.4－7　GeoMoS 软件分析模块界面

7. GNSS 变形监测系统运行情况

GNSS 变形监测系统投入观测后，自动化监测数据与前期人工观测数据能够平顺衔接，监测数据真实可信，目前系统运行正常稳定。系统观测精度基本能满足规范±3mm的要求。

3.4.1.2　测量机器人系统

糯扎渡大坝表面变形监测除了采用 GNSS 变形监测系统外，还采用了测量机器人进行对比监测，以提高监测精度和监测覆盖面。测量机器人观测站与变形监测网点相结合，布置于左右岸坡，基点采用控制网点和 GNSS 系统双重校核。观测点为视准线测点，每个测点上布置一个 360°全向棱镜和一个 GPS 天线，通过自动照准观测测点位移。测量机器人和 GNSS 系统可相互校核。测量机器人观测示意如图 3.4－8 所示，测量机器人观测原理如图 3.4－9 所示。

3.4.1.3　GNSS 变形监测成果与测量机器人监测成果对比分析

对大坝 C—C 监测断面下游坝坡表面变形监测点（DB—L1—TP02、DB—L2—TP04、DB—L3—TP05、DB—L4—TP07、DB—L5—TP07）的观测数据进行对比。在同一时段内，GNSS 变形监测系统和测量机器人观测的表面变形过程线分别如图 3.4－10 和图 3.4－11所示。

根据对上述过程线进行对比分析，GNSS 系统监测点和测量机器人测点位移变化趋势一致。

3.4.2　枢纽工程内观自动化

糯扎渡枢纽工程内观范围主要包括：大坝及导流洞堵头、溢洪道、泄洪洞、引水发电系统及相关边坡等。

图 3.4-8　测量机器人观测示意图

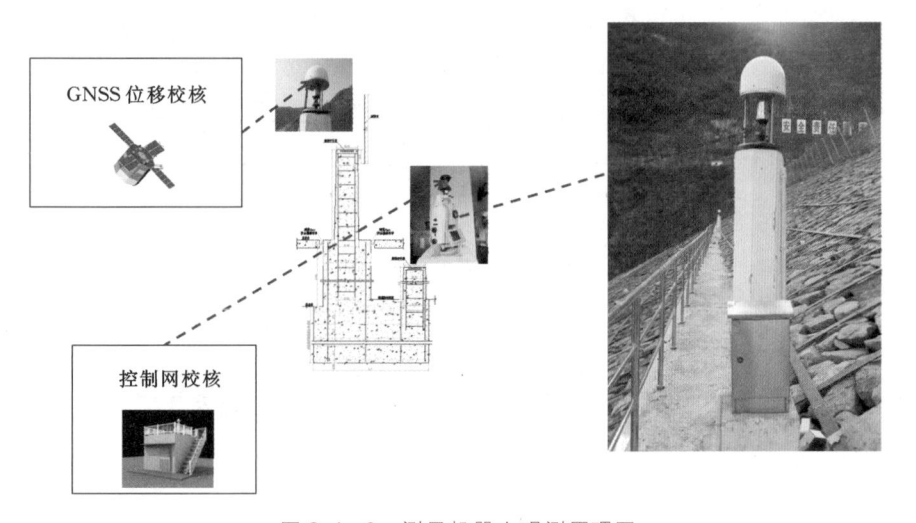

图 3.4-9　测量机器人观测原理图

　　该工程内观自动化系统按监测站、监测管理站和监测中心站三级设置，并实现昆明公司本部的流域安全监测中心站、数字大坝-工程质量与安全信息管理系统、数字大坝-工程安全评价与预警信息管理系统能对现场监测中心站的相关监测信息进行管理。监测管理站设于左岸高程 821.50m 平台值守楼内，监测中心站设置在业主永久营地。

　　根据糯扎渡工程建筑物的功能相似、部位接近等特点和目前自动化网络架构限制，并考虑建筑物的重要性和接入安全监测自动化系统的必要性，糯扎渡枢纽工程内观自动化系统主要分为 A、B、C 子系统，即心墙堆石坝监测子系统（含右岸坝肩边坡）、引水发电系

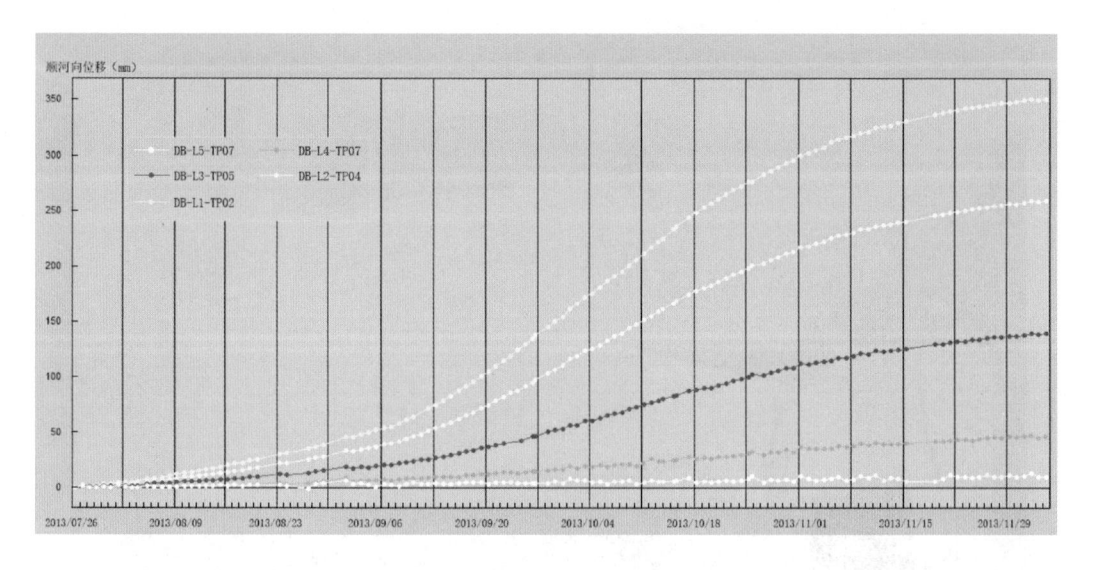

图 3.4-10 C—C 监测断面下游坝坡表面变形过程线图（GNSS 变形监测系统）

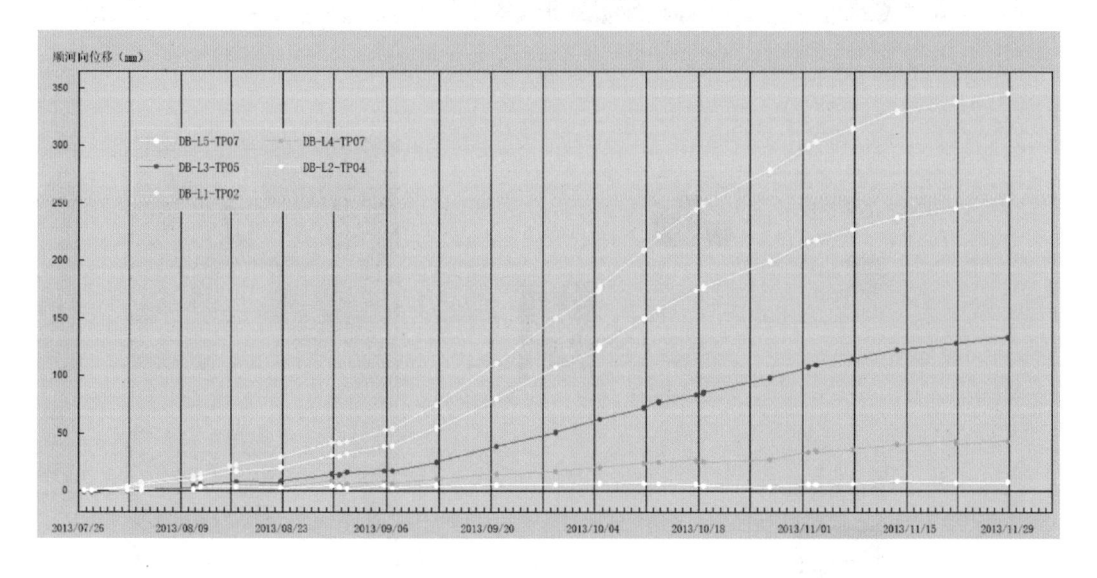

图 3.4-11 C—C 监测断面下游坝坡表面变形过程线图（测量机器人）

统监测子系统和边坡及泄水建筑物监测子系统（含左右岸泄洪洞、溢洪道和 1～5 号导流洞堵头）。其中 A 子系统设置 15 个监测站，自动化采集接入仪器数量约为 696 支（点）；B 子系统设置 9 个监测站，自动化采集接入仪器数量约为 2977 支（点）；C 子系统设置 13 个监测站，自动化采集接入仪器数量约为 1113 支（点）。枢纽区整个安全监测体系共布置各种监测仪器约 5217 个（组、支、套、台、座），测点数约为 8472 个，接入内观自动化系统的测点总数约为 4786 个，自动化测点数占整个枢纽区安全监测体系测点数的 56.5%（表 3.4-1）。

表 3.4-1　　　　　　　　　枢纽工程内观自动化子系统构成表

序号	子系统名称	测站数量	自动化采集接入仪器/点
1	心墙堆石坝监测（A）子系统	15	696
2	引水发电系统监测（B）子系统	9	2977
3	边坡及泄水建筑物监测（C）子系统	13	1113
	汇总	37	4786

各子系统的监测管理站计算机连接相关建筑物的数据自动采集设备，数据自动采集设备连接各部位的监测传感器。各监测管理站有各自的监测硬件、软件和通信网络，分区域管理，各自独立，相互之间组成局域网可进行通信，并和上一级监测管理中心站的监控主机之间可进行相互通信，并实现系统集成（图 3.4-12）。

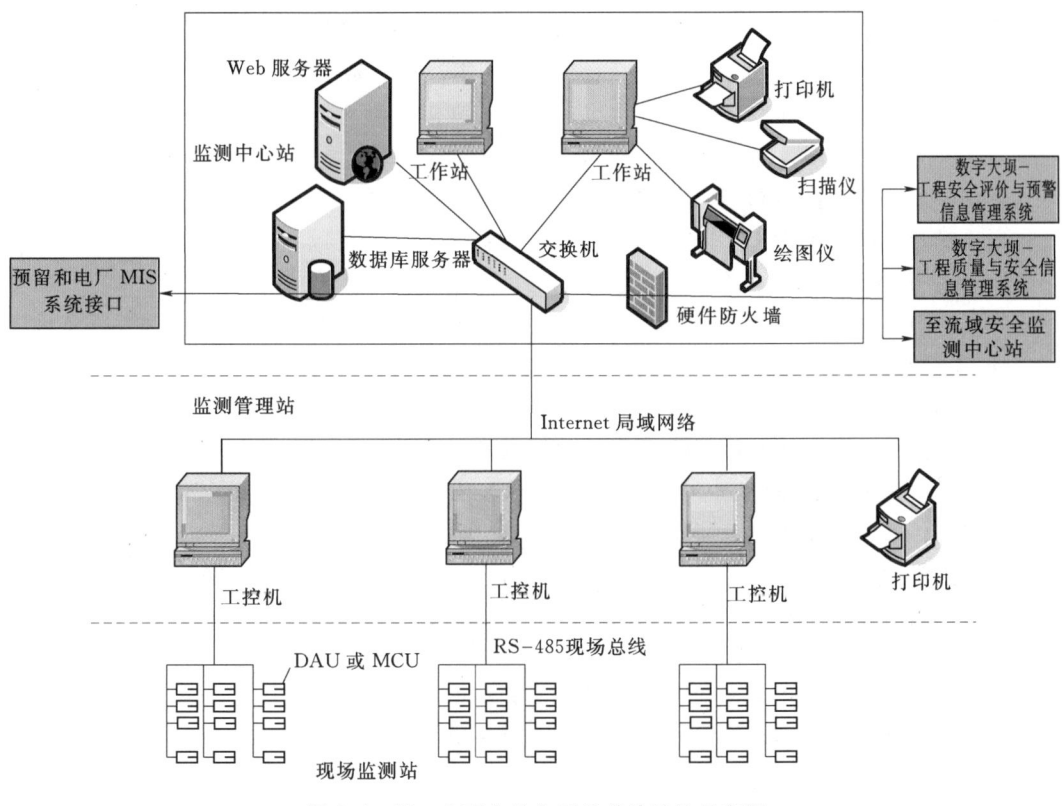

图 3.4-12　内观自动化系统总体结构示意图

3.4.3　子系统及集成

3.4.3.1　子系统构成

糯扎渡水电站建筑物范围广、监测项目众多，即使采用分布式监测系统对整个枢纽区接入自动化系统的监测项目全部巡测一次也耗时较多，为了系统的可靠和实用，根据糯扎渡水电站建筑物的功能相似、部位接近等特点和目前自动化网络架构限制，并考虑建筑物的重要性和接入安全监测自动化系统的必要性，糯扎渡枢纽工程安全监测自动化系统主要

分为 A、B、C 子系统，即心墙堆石坝监测子系统（含右岸坝肩边坡）、引水发电系统监测子系统和边坡及泄水建筑物监测子系统（含左右岸泄洪洞、溢洪道和 1～5 号导流洞堵头）。各子系统的监测管理站计算机连接相关建筑物的数据自动采集设备，数据自动采集设备连接各部位的监测传感器。各监测管理站有各自的监测硬件、软件和通信网络，分区域管理，各自独立，相互之间组成局域网可进行通信，并和上一级监测中心站的监控主机之间可进行相互通信，并实现系统集成。

其余子系统还包括：①心墙堆石坝强震监测子系统、光纤测渗漏和测裂缝子系统，在监测中心站对其实现系统集成；②心墙堆石坝 GNSS 变形监测子系统、大坝和边坡测量机器人监测子系统，在监测中心站对其实现系统集成。

3.4.3.2 子系统集成

为方便电厂对工程安全监测信息的管理，需对工程所有相关的监测系统进行集成，集成物理层为监测中心站，采用同一安全监测信息管理及综合分析系统进行统一管理。糯扎渡水电站的监测系统主要包括：①内观自动化 A、B、C 子系统；②大坝 GNSS 变形监测系统；③大坝及边坡测量机器人监测系统；④大坝强震监测系统；⑤大坝光纤测渗漏和测裂缝系统。

系统集成的主要内容包括：①监测系统的集成；②强震监测系统和数字大坝系统对安全监测自动化系统的触发；③与其他相关系统的接口。

1. 子系统集成

（1）对该工程安全监测各系统在监测中心站予以集成，采用同一安全监测信息管理及综合分析系统进行统一管理，所有数据采用同一格式在同一数据库中存储和管理。

（2）集成后的总系统与各系统之间实现双向通信，即一方面各系统能按相关要求向总系统报送监测信息，总系统能够实现对相关信息进行归纳、整理并妥善保存于数据库；另一方面总系统根据信息反馈自动或人工向各系统发布指令，各系统按指令实现指定频次的数据采集、传输、信息处理及反馈等工作。

（3）内观自动化 A、B、C 子系统、大坝和边坡测量机器人监测系统、大坝光纤测渗漏和测裂缝系统能够实现地震、大暴雨、异常水位、变形或渗流异常等情况下自动触发加密监测。

（4）对人工监测数据的集成，通过手工录入和半自动的批量导入方式，纳入安全监测自动化信息管理及综合分析系统集中管理、分析和报表制作、信息发布等，以实现数据信息化管理。

2. 强震监测系统和数字大坝系统对安全监测自动化系统的触发

（1）强震监测系统采用 24h 在线工作方式，并自动在线分析数据，若出现地震事件且达到触发阈值，则实时将加速度等相关数据送入数据服务器共享。安全监测自动化系统实时查询和读入强震监测数据，并与设置的触发加速度比较，若超过设定的触发值，则启动安全监测自动化系统的自动巡测功能，实现加密监测，对相关数据进行简单实时在线分析，并通过短信等方式将信息发送到相关人员。

（2）集成后的安全监测自动化系统与数字大坝-工程质量与安全信息管理系统、数字大坝-工程安全评价与预警信息管理系统之间实现双向通信功能。安全监测自动化系统通

过实时访问数字大坝系统相关数据，判断是否超过预先设置、实时计算的监测预警值，若超过，启动数字大坝实时计算和安全监测自动化系统的自动巡测功能，实现循测、选测或加密监测，比对在线计算成果，超过预警值或确认为非监测仪器异常时，则通过短信等方式将信息发送到相关人员。

3. 与其他相关系统的接口功能

（1）与电厂 MIS 系统的接口功能。电厂 MIS 系统通过门户登录链接到安全监测自动化系统的 Web 服务器中，电厂的 MIS 系统以 Web 方式显示相关监测信息。对某些特定的监测数据，通过物理隔离设备送到电厂 MIS 系统的指定服务器中予以存储。

（2）与水情测报系统的接口功能。对水情测报系统的坝前水位、坝后水位、降水量、气温等数据通过特定服务器读取到该系统，存储于数据库服务器中。

（3）与流域安全监测监控中心的接口功能。流域安全监测监控中心能通过远程以客户端、Web 等方式实现对该工程站安全监测自动化的远程召测等管理工作及信息浏览，同时该工程安全监测自动化系统中心站具有相关监测信息定时上报的功能。

第 4 章

安全评价及预警信息管理系统

4.1 系统结构规划

4.1.1 整体结构

"糯扎渡水电站心墙堆石坝-工程安全评价与预警信息管理系统"（以下简称"信息管理系统"）主要由 7 个模块构成，系统总体结构如图 4.1-1 所示。系统管理模块是该系统的枢纽；监测数据与工程信息模块、数值计算模块和反演分析模块是该系统的核心；安全预警与应急预案模块是该系统的目标；巡视记录与文档管理模块是对系统基本信息的重要补充；数据库及管理模块是该系统的资料基础。

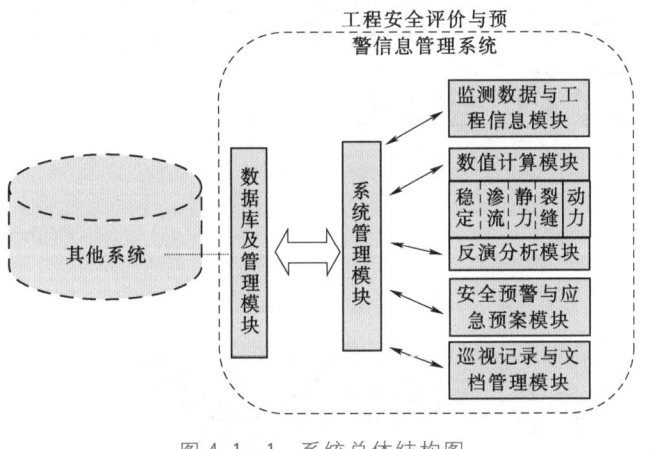

图 4.1-1 系统总体结构图

4.1.2 模块简述

1. 系统管理模块

该模块实现该系统信息集成以及该系统各模块间的信息交换与共享；提供该系统运行的管理与操作界面；从其他系统获取必要信息；可管理系统的基本设置以及多地多用户远程操作。

2. 监测数据与工程信息模块

该模块根据系统数据库信息，实现对大坝各类动态信息（环境量、效应量及工程信息等）进行查询、统计分析、可视化展示及报表编制等功能，为用户提供良好的可视化信息查询及分析界面。

3. 数值计算模块

该模块可计算大坝在不同条件下的应力、变形、水压、渗流、裂缝、稳定性和动力响应等。可对输入数据、计算条件及计算结果进行查询、浏览、二三维可视化展示及报表编制等。该模块和监测数据与工程信息模块、反演分析模块相结合可对大坝性态进行分析预测，是该系统的关键部分。

4. 反演分析模块

该模块根据所要反演参数的类型及数量，确定所需要的信息；通过有限元计算生成训练样本；训练和优化用于替代有限元计算的神经网络，并进行坝料参数的反演计算。将反演参数、误差以及必要的过程信息存入数据库供其他单元调用。

5. 安全预警与应急预案模块

该模块提出高心墙堆石坝渗透稳定、沉降、坝坡稳定、应力应变、动力反应等方面的控制标准，建立大坝的综合安全指标体系。根据动态监测信息以及计算成果，进行大坝安全分析，建立大坝安全评价模型；结合安全指标体系，针对不同的异常状态及其物理成因，对异常状态进行分级并建立预警机制。该模块可进行分级实时报警，并可给出预警状态信息。根据安全预警与预案判别分析结果，对可能出现的安全问题，建立相应的应急预案与措施，确保工程安全、顺利、高质量实施，并可人工修改应急方案。

6. 巡视记录与文档管理模块

该模块对大坝安全巡视过程中产生的视频、图片、文档等资料进行管理，并可进行查询操作。文档管理主要是对大坝建设和运行过程中各环节相关的图片、文档等资料进行管理，并可进行添加和查询操作。

7. 数据库及管理模块

该模块主要用于数据的录入、修改及查询等操作，该模块仅限于系统管理员用户使用。包括系统基本数据和多个模块共用的公用数据。数据分为两类：一次数据（原始数据）为研究对象的基本信息；二次数据是经系统分析等对一次数据进行处理得到，以便于各模块的调用。

4.2　基本原理

4.2.1　功能概述

信息管理系统主要实现监测数据与成果分析管理、计算成果分析管理、安全指标定义与安全预警管理等，具体功能简述如下：

（1）建立糯扎渡工程安全评价与预警信息综合管理平台，支持基于网络的分布式管理与应用。

（2）根据导入的实测监测数据，可对大坝各类动态信息（环境量、效应量及工程信息等）进行查询、统计分析、可视化展示及报表编制等。

（3）实现安全指标定义，主要包括坝前水位、大坝变形、渗透稳定、裂缝、坝坡稳定等几个方面，为分级安全预警提供依据。

（4）对大坝在不同条件下的应力、变形、水压、渗流、裂缝、稳定性和动力响应等计算的输入数据及计算结果进行储存、查询、浏览、二三维可视化展示及报表编制等，并可操作嵌入计算。

（5）将反演数值计算模型、反演参数的类型及数量、所需要的信息、有限元计算生成的训练样本、所得到的反演参数、误差以及必要的过程信息存入数据库供其他单元调用，

并可进行查询、浏览、二三维可视化展示及报表编制等，还可操作嵌入计算。

（6）通过定义大坝安全指标，并根据动态监测信息以及计算成果，结合安全指标模块，对异常状态进行分级并建立预警机制，系统提供安全评价健康诊断报告的上传和针对可能出现的安全问题在系统工况中进行应急预案与措施的描述。

为实现上述功能，需综合采用水工结构、岩土工程、优化理论、信息学等方面的理论和技术，下面仅对主要的基本原理等进行简要描述。

4.2.2 数值计算模型

信息管理系统可进行静力、渗流、裂缝、稳定及动力等五大类数值计算。

1. 坝料本构模型

坝料本构模型可采用线弹性模型、邓肯-张 EB 模型、沈珠江双屈服面模型等。

2. 非线性黏弹性模型和残余变形计算模型

动力计算采用下述修正的非线性黏弹性模型：

$$G_{\max} = k_2 P_a \left(\frac{\sigma_{\mathrm{m}}}{P_a} \right)^n \tag{4.2-1}$$

$$G = \frac{G_{\max}}{1 + k_1 \gamma_{\mathrm{c}}} \tag{4.2-2}$$

$$\lambda = \lambda_{\max} \frac{k_1 \gamma_{\mathrm{c}}}{1 + k_1 \gamma_{\mathrm{c}}} \tag{4.2-3}$$

$$\gamma_{\mathrm{c}} = (\gamma_{\mathrm{d}})_{\mathrm{eff}}^{0.75} \left/ \left(\frac{\sigma_{\mathrm{m}}}{P_a} \right)^{\frac{1}{2}} \right. \tag{4.2-4}$$

式中：P_a 为大气压；σ_{m} 为球应力；k_1、k_2、n 和 $\lambda_{\max}$ 为输入参数；γ_{c} 为参考剪应变；$(\gamma_{\mathrm{d}})_{\mathrm{eff}}$ 为有效剪应变，$(\gamma_{\mathrm{d}})_{\mathrm{eff}} = 0.65 (\gamma_{\mathrm{d}})_{\max}$，$(\gamma_{\mathrm{d}})_{\max}$ 为该时段的最大剪应变。

残余体积应变 $\Delta \varepsilon_{\mathrm{vr}}$ 和残余剪切应变 $\Delta \gamma_{\mathrm{r}}$ 可采用下述经验公式计算：

$$\Delta \varepsilon_{\mathrm{vr}} = c_1 \left[(\gamma_{\mathrm{d}})_{\mathrm{eff}} \right]^{c_2} \exp(-c_3 S_l^2) \frac{\Delta N_{\mathrm{e}}}{1 + N_{\mathrm{e}}} \tag{4.2-5}$$

$$\Delta \gamma_{\mathrm{r}} = c_4 \left[(\gamma_{\mathrm{d}})_{\mathrm{eff}} \right]^{c_5} S_l^2 \frac{\Delta N_{\mathrm{e}}}{1 + N_{\mathrm{e}}} \tag{4.2-6}$$

式中：S_l 为应力水平；$(\gamma_{\mathrm{d}})_{\mathrm{eff}}$ 为等效剪应变；ΔN_{e} 为该时段的等效振动周次；N_{e} 为累计的等效振动周次，$N_{\mathrm{e}} = \sum (\gamma_{\mathrm{d}}) / \overline{\gamma}_{\mathrm{d}}$，即该时段及以前各时段各次动剪应变的累积值与本时段的平均动剪应变的比值；c_1、c_2、c_3、c_4、c_5 为模型参数，可由试验确定。

3. 流变模型

坝料流变模型采用沈珠江土体流变模型，包括三参数流变模型与七参数流变模型。

4. 湿化模型

湿化模型采用改进的沈珠江湿化模型：

$$\gamma_{\mathrm{s}} = c S_l / (1 - S_l) \tag{4.2-7}$$

$$\varepsilon_{\mathrm{vs}} = \sigma_3 / (a + b \sigma_3) \tag{4.2-8}$$

式中：S_l 为应力水平；a、b 为试验参数。

5. 非稳定渗流计算

在渗流计算分析中，将饱和-非饱和带作为一个整体进行模拟，可称为饱和-非饱和法。基于此种处理方式的计算方法，可方便地处理复杂的渗流区域问题，无须特别考虑自由水面的迭代计算。当渗流场确定后，压力水头为 0 的等势面即为自由面。由于饱和-非饱和法在处理三维问题时存在较为明显的优势，故该系统采用此法进行计算分析。

4.2.3 反演分析方法

在岩土工程问题中，传统的数值计算方法是首先建立描述岩土介质力学性状的模型，然后通过室内外试验等方法确定岩土材料相应的模型参数，并将上述参数和计算模型应用于具体的工程，在给定的条件（边界条件、初始条件等）下对岩体或土体的变形及其内部的应力分布状况进行预测分析。这一过程称为正演分析。

在工程实践中，荷载所引起的岩体或土体的位移及应力往往可以通过现场监测而得到，反演分析就是根据现场监测的结果（水平位移、沉降、孔隙水压力和应力等）通过一定的数值计算方法来反求岩土介质的本构模型及力学参数。反演分析方法可分为三类：确定性反演分析方法、非确定性反演分析方法和智能反演分析方法。

随着人工智能技术的引入，岩土力学反演分析出现了智能化的趋势。人工神经网络近年来发展迅速，基于人工神经网络的方法在岩土工程中得到了广泛的应用。由于岩土工程问题的复杂性，在已知量和未知量之间存在很强的非线性关系，这种非线性关系通过人工神经网络可以得到很好的映射。演化算法是以适应度函数指导随机化搜索方向的智能性算法，在反演分析中的应用主要是用来代替直接法中的传统优化方法，与有限元计算结合来进行参数的反演分析。该系统所建立的土石坝位移反演分析方法主要建立在神经网络和演化算法的基础之上，下面对该两种方法给予介绍。

1. 人工神经网络模型概述

人工神经网络模拟人脑的结构及其智能特点，是在研究生物神经系统的启发下发展起来的一种信息处理方法。人工神经网络的出现已有半个多世纪。其中于 1986 年提出的多层网络的误差反传算法（back propagation，简称 BP 算法）是神经网络研究中最为突出的成果之一。

多层前向神经网络概念简单，容易实现，且有很强的非线性映射能力，在工程中应用最多。它由输入层、隐含层和输出层组成。隐含层可以是一层或多层。图 4.2-1 所示为一个普通多层前向神经网络模型的拓扑结构，它只有相邻层之间存在连接关系。更为复杂前向神经网络的层间、跨层间以及输入和输出层均可存在连接关系，本书称之为混合型前向神经网络。

采用 BP 算法的多层前向神经网络模型一般称为 BP 网络。BP 算法具体由信息的正向传播与误差的反向传播两个过程组成。当正向传播时，输入信息从输入层经隐单元层处理后传向输出层。如果在输出层得不到希望的输出，则转入反向传播，将误差沿原来的神经元通路返回。返回过程中，逐一修改各层神经元连接的权值。这种过程不断迭代，最后可将误差控制在允许的范围之内。下面以如图 4.2-1 所示的简化神经网络为例进行说明。

设输入为 P，输入神经元有 r 个，隐含层内有 s 个神经元，激活函数为 f_1。输出层

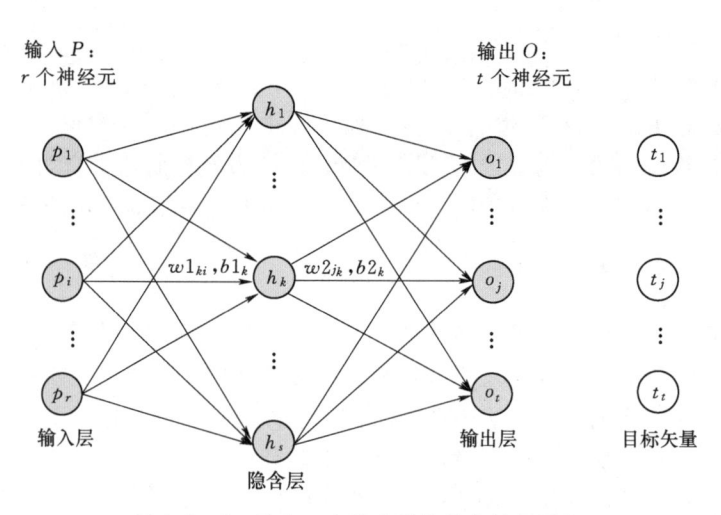

图 4.2-1 具有一个隐含层的简化神经网络

内有 t 个神经元，对应的激活函数为 f_2，输出为 O；目标矢量为 $\boldsymbol{T}$。BP 网络要求采用连续可导的激活函数，现通常在隐含层采用如图 4.2-2 所示的 S 型激活函数，输出层采用线性激活函数。当希望对网络的输出进行限制时，也可在输出层采用 S 型激活函数。

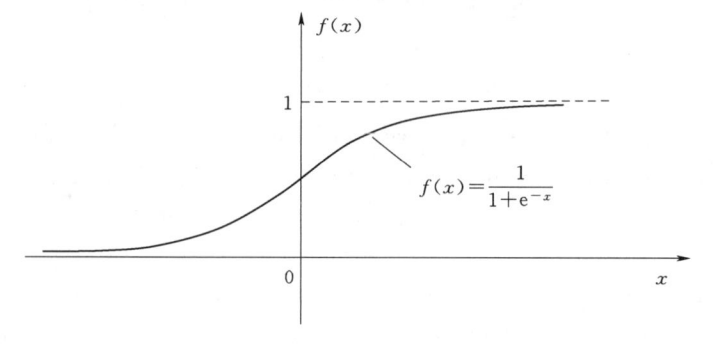

图 4.2-2 S 型激活函数

（1）信息的正向传递过程。隐含层中第 k 个神经元的输出为

$$h_k = f_1\left(\sum_{i=1}^{r} w1_{ki}p_i + b1_k\right), k=1,2,\cdots,s \tag{4.2-9}$$

输出层第 j 个神经元的输出为

$$o_j = f_2\left(\sum_{k=1}^{s} w2_{jk}h_k + b2_j\right), j=1,2,\cdots,t \tag{4.2-10}$$

定义误差函数为

$$E(W,B) = \frac{1}{2}\sum_{j=1}^{t}(t_j - o_j)^2 \tag{4.2-11}$$

（2）利用梯度下降法求权值变化及误差的反向传播。输出层的权值变化：

$$\Delta w2_{jk} = -\eta \frac{\partial E}{\partial w2_{jk}} = -\eta \frac{\partial E}{\partial o_j}\frac{\partial o_j}{\partial w2_{jk}} = \eta(t_j - o_j)f_2'h_k \tag{4.2-12}$$

其域值的变化：

$$\Delta b 2_j = -\eta \frac{\partial E}{\partial b 2_j} = -\eta \frac{\partial E}{\partial o_j} \frac{\partial o_j}{\partial b 2_j} = \eta (t_j - o_j) f'_2 \qquad (4.2-13)$$

隐含层的权值变化：

$$\Delta w 1_{ki} = -\eta \frac{\partial E}{\partial w 1_{ki}} = -\eta \frac{\partial E}{\partial o_j} \frac{\partial o_j}{\partial h_k} \frac{\partial h_k}{\partial w 1_{ki}} = \eta \sum_{j=1}^{t} (t_j - o_j) f'_2 w 2_{jk} f'_1 p_i \qquad (4.2-14)$$

其域值的变化：

$$\Delta b 1_k = \eta \sum_{j=1}^{t} (t_j - o_j) f'_2 w 2_{jk} f'_1 \qquad (4.2-15)$$

式中：η 为学习速率，一般情况下可取 $\eta = 0.01 \sim 0.7$。

对于含有多个隐含层的神经网络，其权值变化公式以此类推。在人工神经网络模型中，利用已知的输入和输出确定输出层和隐含层的权值 w 和域值 b 的过程通常称为人工神经网络的"训练"或"学习"。为了训练一个 BP 网络，需要计算网络输出误差的平方和。当所训练矢量的误差平方和小于误差目标时，训练停止，否则在输出层计算误差变化，并采用反向传播学习规则来调整权值。

BP 算法自提出以来得到了广泛的应用。但该法也存在一些限制与不足之处。对于一些复杂的问题，BP 算法需要较长的训练时间。当初始权值选取不当时，网络可能出现麻痹现象，完全不能训练。另外，由于 BP 算法采用梯度下降法，在训练过程中可能陷入局部极小值，无法跳出。针对 BP 算法的上述缺点，Vogl 提出了根据所有样本的总误差修正权值的方法。

在人工神经网络的学习训练过程中，学习速率 η 对学习过程的影响很大。η 是按梯度搜索的步长，η 越大权值的变化越剧烈。实际应用中，通常在不导致振荡的前提下取尽量大的 η 值。为了使学习速度足够快而不易产生振荡，往往采用自适应调整学习速率的方法，即：

$$\Delta w_{ij}(t+1) = \Delta w_{ij}(t+1)_0 + \alpha \Delta w_{ij}(t) \qquad (4.2-16)$$

式中：$\Delta w_{ij}(t)$ 为上一次权值的变化量；$\Delta w_{ij}(t+1)_0$ 为据梯度下降法所得的此次权值的变化量；动量项 α 决定了过去权值的变化对目前权值变化的影响程度。

与 BP 算法相比，Vogl 算法具有以下两点改进：①降低了权值的修改频率，使权值沿着总体误差最小的方向调整，提高了学习训练的效率；②根据具体情况自适应调整学习速率，即让学习速率 η 和动量项 α 可变。如果当前的误差梯度修正方向正确，就增大学习速度，加入动量项。否则减小学习率，甩掉动量项，从而使学习效率大大提高。

2. 演化算法概述

演化算法（evolutionary algorithm）又称为进化算法，是一种借鉴生物界自然选择和进化机制发展起来的高度并行和随机的自适应搜索算法。由于其具有健壮性，故特别适合于处理传统搜索算法解决不好的较为复杂的非线性问题。

工程实践中的许多最优化问题性质非常复杂，很难用传统的优化方法来求解。基于生物自然进化思想的演化算法在求解这类问题时显示出了优越的性能。演化算法通常包括遗传算法、遗传程序设计、演化策略和演化规划四个分支。

（1）遗传算法。20 世纪 60 年代 Holland 提出了既适合于变异又适合于交配（即杂交）的位串编码技术，强调将交配作为主要的遗传操作。后来该作者又将该算法加以推广并正式定名为遗传算法。基本遗传算法（SGA）的操作对象是一群二进制串（称为染色体 chromosome、个体 individual），即种群（population），每个染色体都对应问题的一个解。从初始种群出发采用基于适应值比例的选择策略在当前种群中选择个体，使用杂交（crossover）和变异（mutation）来产生下一代种群。如此一代代演化下去，直到满足期望的终止条件。

（2）遗传程序设计。现实中的问题往往很复杂，有时不能用简单的字符串表达问题的所有性质，于是就产生了遗传程序设计，又称为遗传规划。遗传程序设计用广义的计算机程序形式表达问题，它的结构和大小都是可以变化的，从而可以更灵活地表达复杂的事物性质。遗传程序设计是指以计算机程序的层次结构形式表达问题，而不是执行遗传算法的计算机程序。

（3）演化策略。演化策略是最早出现的一种演化算法，它采用传统的实型数表达问题，其表达形式如下：

$$X^{t+1} = X^t + N(0, \sigma) \qquad (4.2 - 17)$$

式中：X^t 为第 t 代个体；$N(0, \sigma)$ 为独立的随机数，服从正态分布。

演化策略中个体的演化主要采用变异方式，而遗传算法以杂交为主。在演化策略中，复制（reproduction）隐含在选择（selection）中，父代群体所有的个体，经过变异、杂交后生成若干个新个体，然后再从这些群体中按适应度选择一些优良个体组成下一代群体，从而体现个体在竞争中优胜劣汰的原则。演化策略也是一种反复迭代的过程，它从随机产生的初始群体出发，经过变异、杂交、选择等操作，改进群体的质量，逐渐得出最优解。

（4）演化规划。演化规划与演化策略几乎同时出现，并平行发展。最早的演化策略只采用单个个体，而最早的演化规划则是采用多个个体做成群体共同进化。演化规划也采用实型数表达问题，其表达形式为

$$X^{t+1} = X^t + \sqrt{f(X^t)} \cdot N(0, 1) \qquad (4.2 - 18)$$

式中：X^t 为第 t 代个体；$N(0, 1)$ 为独立的随机数，服从（0，1）标准正态分布；$f(X^t)$ 为 X^t 的适应度。

目前，遗传算法已不再局限于二进制编码。Michalewics 将不同的编码策略（即不同的数据结构）与遗传算法的结合称为演化程序。目前，在实际的工程应用当中，大多会同时采用多种不同的演化算法，且往往称为遗传算法或改进的遗传算法。演化算法各分支之间的差别已经很难区分。

演化计算在求解问题时是从多个解开始的，然后通过一定的法则进行逐步迭代后产生新的解。将种群记为 $P(t)$，其中 t 表示迭代步。$P(t)$ 中的元素记为 $x_1(t)$，$x_2(t)$，$\cdots$。在进行演化时，选择当前解进行交配以产生新解，当前解称为新解的父代解，产生的新解称为后代解。演化算法一般需要将问题的解进行编码，即通过变换将 X 映射到另一空间 Xg（称为基因空间），这一变换必须是可逆的。通常，Xg 中的点是字符串（如位串或向量等）的形式。不同的编码方案、选择策略和遗传算子相结合构成了不同的演化算法，其

基本结构如图 4.2-3 所示。

演化计算是一种模拟生物种群进化过程的寻优过程，与传统搜索算法相比具有以下不同点：①演化计算并不是直接作用在解空间上，而是利用解的某种编码来进行的；②演化计算从一个群体即多个点而不是从一个点开始搜索，因此它能以较大的概率找到整体最优解；③演化计算只使用解的适应性信息（即目标函数），并在增加收益和减小开销之间进行权衡，而传统搜索算法一般要使用导数等其他辅助信息；④演化计算使用随机转移而不是确定性的转移规则。

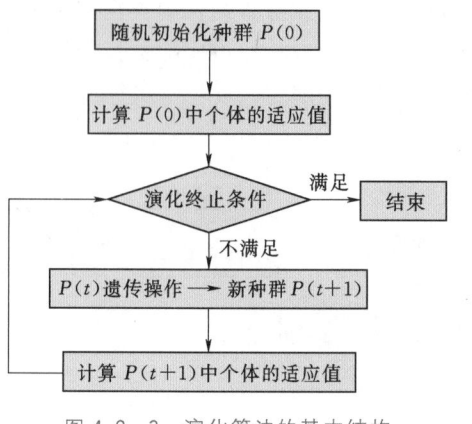

图 4.2-3 演化算法的基本结构

3. 土石坝位移反演分析方法

由于问题的复杂性，土石坝位移反演分析常需采用数值计算的方法进行，也即采用正分析的过程，利用最小误差函数通过迭代逐次逼近待定参数的最优值。传统的最优化方法需多次反复调用有限元计算程序，计算时间长，收敛速度慢，计算结果受给定初值的影响，易陷入局部极小值，解的稳定性差，使得其在土石坝位移反演分析中的应用受到限制。

人工神经网络模型近年来发展迅速，在岩土工程的反演分析中得到了广泛的应用。对于复杂的强非线性岩土工程问题，充分利用人工神经网络模型的映射能力，近似代替结构有限元分析计算，可以克服寻优过程中需要大量有限元正分析的缺点。演化算法仿效生物学中进化和遗传的过程，从随机生成的初始群体出发，逐步逼近所研究问题的最优解，是一种具有自适应调节功能的搜索寻优技术。在岩土工程位移反演分析中，采用演化算法代替常规的优化方法，可以避免陷入局部极小值，得到全局最优解。

该信息管理系统采用的方法是，使用具有强非线性映射能力的人工神经网络模型代替有限元计算，采用全局优化的演化算法和 Vogl 快速算法同时优化神经网络的结构和权值，并使用演化算法代替传统优化算法进行参数的反演分析，建立了适用于高土石坝工程的位移反演分析方法。

该方法主要包括 4 个计算流程：①替代有限元计算的模拟神经网络模型的形成和优化；②模拟神经网络模型的误差检验；③应用建立的神经网络模型进行坝料模型计算参数的反演计算；④应用反演获得的坝料参数进行坝体应力变形的计算分析。

4. 模拟神经网络模型的形成和优化

在有限元网格确定的情况下，有限元计算的目的即为求解方程式 $u = u(\phi)$，式中 ϕ 为模型参数，u 为节点位移值。由于在反演分析过程中需要反复进行结构的正分析即调用有限元程序，其计算工作量一般较大，对于大型的非线性问题尤其如此，有时可使得反演分析无法进行。利用神经网络建立一种模型参数与位移之间的映射关系，代替有限元计算，计算效率将大为提高。

所建立的基于神经网络和演化算法的土石坝位移反演分析方法的第 1 个流程为生成和

优化替代有限元计算的模拟神经网络模型。为此，需要首先形成训练样本，然后使用所生成的训练样本对初始设定的神经网络模型进行结构优化和训练，图 4.2-4 为模拟神经网络的计算流程图。

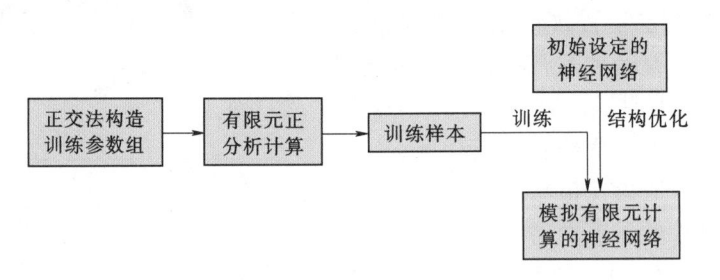

图 4.2-4 模拟神经网络的计算流程图

5. 模拟神经网络模型的校验

对采用训练样本优化得到的神经网络模型，需要测试将其应用于非训练样本时的计算情况，以估计神经网络可能的计算误差。测试样本的输入参数组采用随机的方法进行构造，对各输入参数组分别进行有限元的正分析计算，其结果作为判断神经网络计算精度的标准。当神经网络输出的模拟结果与有限元计算的结果误差较大时，需增加训练样本的数量和密度，并重新对神经网络进行优化和训练。图 4.2-5 为模拟神经网络的校验框图。

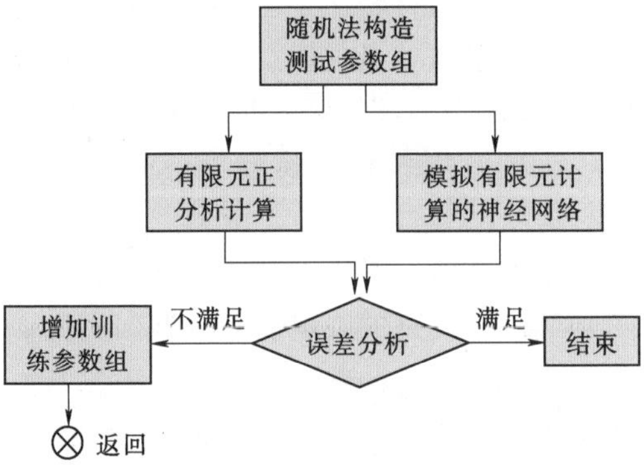

图 4.2-5 模拟神经网络的校验框图

6. 模型计算参数的反演计算和坝体的应力变形分析

用优化好的神经网络代替有限元计算，采用演化算法对模型参数进行优化。种群中的个体（实数数组）代表模型参数，具体的优化过程与优化神经网络的过程基本相同，只是减少了采用 Vogl 算法对神经网络训练的过程。另外，所采用的适应值函数也不相同，适应值函数为

$$f = 1/E \tag{4.2-19}$$

式中：E 为将个体（一组模型参数）输入优化好的神经网络所得结果与实测结果之间的误差。

由于反演分析的不唯一性，一般给出几组较好的模型参数，用户根据经验选取合理的模型参数组。

当根据反演分析的结果取得坝料的模型计算参数后，则可使用所得参数进行坝体应力变形的计算分析。根据计算结果分析坝体的应力变形特性。

7. 反演程序简介

土石坝位移反演分析程序系统 DBA _ Earthdam（displacement back - analysis of earthdam）是基于前述反演分析方法，采用面向对象的编程思想，利用 VC＋＋语言编制

的。整个程序系统基于类的设计，每个类可以单独使用，具有很强的可移植性和通用性。同时，为了便于用户使用，设计了较友好的人机交互界面。

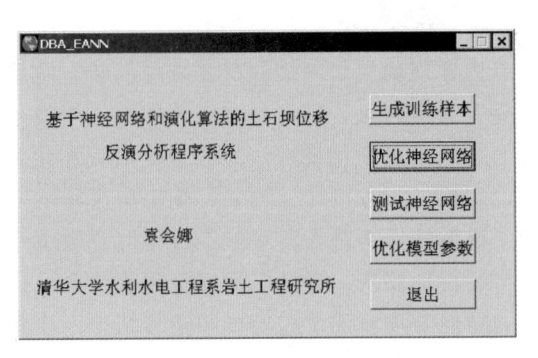

DBA_Earthdam 程序系统可以完成生成训练样本、优化神经网络、测试神经网络和优化模型参数 4 种功能，分别由相应的 4 个程序模块完成，各模块之间的数据传递通过数据文件完成。图 4.2-6 为程序系统的主窗口。表 4.2-1 为各功能模块的

图 4.2-6　DBA_EANN 程序系统的主窗口

简要说明。模块之间的数据传递通过数据文件完成，没有直接的数据联系。而且，模块所需的输入数据文件也可以不由该程序提供而通过其他方法得到。

表 4.2-1　　　　　　　　DBA_EANN 程序系统各功能模块的简要说明

模块名称	主要操作	输入数据	输出数据
生成训练样本	调用有限元及其后处理程序	有限元程序输入数据文件	训练样本文件
优化神经网络	采用演化算法优化神经网络的结构和权值	训练样本文件	神经网络信息文件
测试神经网络	神经网络模拟计算；有限元计算	神经网络信息文件；测试参数文件	模拟结果；有限元计算结果
优化模型参数	采用演化算法优化模型参数	实测位移数据；神经网络信息文件	反演计算结果

DBA_Earthdam 程序系统采用了外挂有限元计算程序的模式，使得它成为了一个相对通用的基于神经网络和演化算法的反演分析程序系统。通过使用不同的外挂应用计算程序，可将 DBA_Earthdam 程序系统应用于不同本构模型和基于不同有限元计算程序系统的反演分析，甚至也可以简单地应用于其他问题的反演分析。

4.3　系统整体方案

该系统的整体功能是在英思施工过程综合数据采集与分析系统（InsCES）平台上搭建的。

英思施工过程综合数据采集与分析系统是应用于大型基建项目施工过程管理的大型信息化系统。该系统是以基建工程施工过程管理为核心的跨组织业务平台，包括主要施工工艺流程方向的现场数据采集及监控平台，以及在此基础上形成的计算分析与优化预警平台。该系实现基建行业的施工全过程信息化管理，实现工程信息的采集、实时分析与动态反馈。通过该系统的应用实施，可以帮助管理者及时监控现场的生产情况，及时进行分析，对生产过程进行有效的控制与快速反馈，实现施工工艺数据的可回溯性，达到科学决策的管理目的；同时，通过不断地组织施工过程改进，不断调整与优化过程管理流程与方法，逐步提高管理效益、降低生产成本、提高工程质量。

英思施工过程综合数据采集与分析系统首次将施工监测与仿真分析进行紧密集成，是用以指导现场生产一线的重要应用创新。它填补了目前国内软件市场在基建工程施工过程管理上的空白点，通过整合传统桌面应用技术与无线技术、手持终端技术、数字仿真分析技术、三维可视化技术，为施工现场信息化管理与工程分析提供了一条切实可行的解决方案，实现了工程设计、计划、施工全过程的监控与有效的仿真分析反馈。

该系统方案是在英思施工过程综合数据采集与分析系统的基础上，针对糯扎渡工程建设与运行的要求，设计工程安全评价体系，进行监测信息管理及多种计算分析。该系统要求的功能与项目建设内容可归纳总结为 4 个组成层次，分别为：业务处理与数据采集层、数据查询与单据输出层、综合查询与分析对比层、关键指标评价与预报警层。其中，前两个层属于操作执行层，可通过制定标准的规范与方法，采用固定的流程组织业务工作，采集相关数据；后两个层为管理决策层，通过对现场采集的各类数据进行汇总、归类，实现查询分析、综合关键指标评价与预报警，进而实现对操作执行层的综合反馈、实时控制与工作指导。

4.3.1 业务处理与数据采集

该层可以支持应用手持式数据采集、生产数据自动采集、业务工作流、数据导入等关键的技术手段，实现操作层的日常业务功能。针对项目的实际情况，系统实现安全监测仪器属性定义、埋设管理，监测数据的批量导入与管理功能。

4.3.2 数据查询与单据输出

主要应用自定义单据组件、动态报表组件、二维图表及数据输入输出接口技术，实现对现场采集的各类安全监测原始数据进行快速、直观的展示与查询；同时，提供大量符合工程建设和相关规范样式及内容的单据表格与成果输出等。

4.3.3 综合查询与分析对比

应用三维可视化、有限元分析、二维图形及表格动态查询等技术，实现三维视景交互漫游，动态搜索与查询各部位的相关监测成果等信息；实现对各类数据的汇总、综合，形成各类成果报表，实现过程动态跟踪展示，实现数据符合率与变化趋势分析；实现嵌入式的计算分析与成果管理。

4.3.4 关键指标评价与预报警

服务于工程综合管理与决策，该层应用数字仪表盘、预报警平台等技术手段，通过定义各类安全指标，实现对工程关键效应指标的综合评价与动态展现，实现监测结果与计算结果的综合比对；实现对工程安全监测关键技术指标的综合评价与预报警，以实现对工程施工的快速反馈、实时控制与问题纠正。

该系统是一个以基建工程施工运行过程中的安全管理为核心的跨组织业务平台，包括安全监测数据采集及监控平台、数值计算平台以及在此基础上形成的分析与优化预警预案平台。

4.4 技术架构

系统实现三层分布式应用结构，核心层基于 Oracle 数据库实现数据的集中存储；应用逻辑层实现 .Net Remoting 服务器端，集中实现核心的权限控制与业务逻辑处理，并通过 IIS 对上层提供应用服务；外层业务实现包括数据采集层与展现服务层。数据采集层实现综合全面的采集模式；展现服务层实现三维可视化综合查询、报表编制及打印服务以及与第三方系统的接口应用。该系统采用面向服务的软件架构（SOA）思想，应用 MS.Net 开发环境和 Oracle 数据库等技术手段，搭建三层分布式 C/S 应用平台。各层的功能简述如下。

4.4.1 数据服务层

应用大型的企业级数据库 Oracle 10g，实现集成的工程设计、施工、计算数据存储的管理，保证数据的安全性与综合性能。

4.4.2 应用服务层

应用服务层实现系统核心的业务逻辑处理，包括权限管理平台、预报警引擎、工作流引擎和核心业务逻辑实现等。应用服务层利用 O/R Mapping 技术实现与数据服务层的交互，通过 .Net Remoting 技术向用户交互层提供服务。

4.4.3 应用交互层

应用交互层包括 3 个子系统：桌面应用子系统、手持式数据采集子系统、生产系统数据采集接口程序。主要应用桌面子系统，主要技术包括：有限元计算分析技术、基于 VTK 的三维可视化技术、二维图表与仪表盘组件、报表引擎及展示组件等。

4.5 系统功能规划

4.5.1 系统管理

实现系统信息集成以及系统各模块间的信息交换与共享，提供系统运行的管理与操作界面，可管理多地多用户远程操作。

4.5.2 监测数据和工程信息管理

根据系统数据库信息，编入数据分析模型，可对大坝各类动态信息（环境量、效应量及工程信息等）进行查询、统计分析、可视化展示及报表编制等。重点实现内容包括：实现仪器埋设参数的统一维护、管理；支持各类人工监测数据的批量导入；制作高度复杂和格式多变的报表，可制作年、季、月、旬、周、日报表，可以输出单点测值、多点测值和相对取值，取值方式丰富，提供多种取值方式；实现监测数据分析图形的动态绘制，包括

过程线图、分布图、相关图、方块图、浸润线图等，各种图形都可随意定制，设置和生成简便快捷，可供选用的外观风格丰富，图形坐标的范围、比例可根据绘图数据自动确定，还可依需要手动设定和更改；实现基于三维可视化模型的监测成果交互式查询与分析；支持监测成果的导出，包括图片、CAD 或 Excel 数据表格等。

提供有多种监测资料定量分析计算方法，如多元线性逐步回归、全回归、偏最小二乘回归等；可建立监测量的物理模型，包括统计模型、人工神经网络模型，可建立变形监测系统的分布模型；可分解监测量物理模型中的各组成成分，分析分量间的对比关系，揭示监测量的变化规律和原因；可根据监测结果的预报模型和预计的环境量数据，预测监测量的估计值；提供监测数据合理性判断与趋势预测功能。

4.5.3 数值计算管理

该数值计算可对大坝性态进行分析预测，是系统的关键部分之一。系统平台可对大坝在不同条件下的应力、变形、水压、渗流、裂缝、稳定性和动力响应等计算的输入数据及计算结果进行储存、查询、浏览、二三维可视化展示及报表编制等，并可操作嵌入计算。

提供针对静力计算、渗流计算、稳定计算、裂缝计算、动力计算等任务的管理；可进行各种计算模型的导入和管理；提供计算参数的调整；可指定计算结果的统一格式，并提供计算结果的导入功能；可进行计算结果与监测数据过程曲线的对比；可进行数值计算结果查询，主要包括过程线、分布图、相关图、包络图等分析和查询。

4.5.4 反演分析管理

该模块可对大坝材料参数等进行反演分析与管理，是系统的另一个关键部分。系统可将反演参数的类型及数量、所需要的信息、有限元计算生成的训练样本、所得到的反演参数、误差以及必要的过程信息存入数据库供其他单元调用，并可进行查询、浏览、二三维可视化展示及报表编制等，还可操作嵌入计算。

4.5.5 安全预警与应急预案

大坝安全指标体系分为坝前水位、渗透稳定、大坝变形、大坝裂缝、坝坡稳定、地震动力反应等几个方面，为分级安全预警提供依据。根据动态监测信息以及计算成果，结合安全指标体系，对异常状态进行分级并建立预警机制，并可给出安全预警信息报告。对可能出现的安全问题，建立相应的应急预案与措施。

4.5.6 巡视记录与文档管理

对大坝安全巡视过程中产生的视频、图片、文档等资料进行管理，并可进行查询操作。文档管理主要是对大坝建设和运行过程中各环节相关的图片、文档等资料进行管理，并可进行添加和查询操作。

4.5.7 数据库及数据管理

数据管理主要用于数据的录入、修改及查询等操作，该模块仅限于系统管理员用户使

用。包括系统基本数据和多个模块共用的公用数据。数据库的数据结构应适于异地网络快速调用，并能保证数据安全。

4.6 系统特色

（1）系统是对传统的科研组织模式、研究报告与成果管理方法的一次重大变革，是一种应用模式创新。它充分利用网络与信息化的手段，真正将科研与施工生产（监测数据）紧密结合，分析来源于一线的生产数据与监测成果，而分析结果直接发布并应用于设计与生产过程。

（2）系统采用分布式的软件架构（SOA），改变传统仿真软件单机部署模式，支持多用户操作，支持分布式并行仿真计算与集中的数据存储，以及网络化仿真任务管理、成果共享与发布。

（3）支持渗流、静力、裂缝、稳定、动力等计算与反演分析，实现功能强大的后处理分析功能。支持云图、等值线（面）、矢量图、动态切片等多种查询模式，支持过程线、包络线的动态提取，提供丰富的成果查询报表与表格，支持多方案对比分析，支持计算与实测结果的对比，可自定义成果输出。

（4）应用多层次分级预报警平台，支持安全指标、计算与反演结果的分级预警功能；支持多级预警信息的管理与查询。

（5）可以实现与现场其他的生产过程管理系统的紧密集成，支持仿真结果的发布及现场施工进度的动态反馈，实现仿真、计划、执行、反馈与优化过程的闭环管理。

4.7 功能模块实现

4.7.1 系统管理

系统管理是整个系统的灵魂所在。系统管理模块主要实现该系统各使用单位、部门以及各单位、部门下用户的规范化定义，同时对系统用户进行授权访问，确保系统使用安全。通过系统管理模块提供该系统运行的管理与操作界面以及用户操作权限，是系统运行的枢纽和脉搏。其主要部分包括：部门管理、用户管理、角色管理、模块管理、功能点管理等。

系统管理模块结构如图4.7-1所示。

机构管理：提供对单位、部门的增、删、改、查等维护功能。实现用户以单位和部门进行区分，并作为后期按照单位、部门进行数据权限管理的依据。

功能模块管理：提供对功能模块的增、删、改、查功能。功能模块提供对整个系统功能区域的划分管理，模块下设功能点。功能模块对应系统菜单里的模块结点。

功能点管理：对系统操作界面进行管理，一个功能点对应系统菜单的一个尾端结点，亦即对应一个操作界面。

用户管理：提供对系统使用用户的增、删、改、查等功能，以及用户角色分派、部门

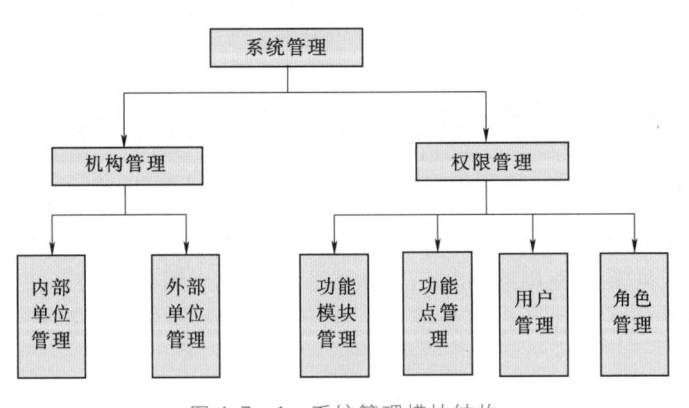

图 4.7 - 1　系统管理模块结构

归属管理等功能。

角色管理：角色定义为具有某类特定业务操作权限的集合。角色与一定的功能权限进行关联，从而实现功能权限管理要求。用户具有某些角色，角色拥有某些业务功能权限，从而用户具有某些操作权限。角色分为全局角色和一般角色。

4.7.2　基础信息管理

基础信息管理单元主要是对大坝的 PBS 结构、大坝安全监测规划的监测断面、安全

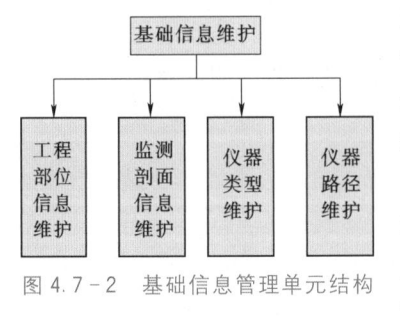

图 4.7 - 2　基础信息管理单元结构

监测所用的仪器类型以及监测仪器的埋设路径等基础信息进行定义，实现基础业务数据的维护功能，为安全监测的综合分析提供基础数据，基础信息管理单元结构如图 4.7 - 2 所示，其功能划分如下。

（1）工程部位信息维护。定义坝体结构中的材料和部位分区信息，具有级联关系。主要包含：心墙、上游部位、下游部位、上游围堰、下游围堰、混凝土垫层、防渗帷幕等。

（2）监测剖面信息维护。主要用于定义埋设仪器或者其他观测用途的坝体剖面信息，剖面由不在同一直线上的 3 个元素点组成。监测剖面信息用于对监测仪器的分类查询和分类对比分析。

（3）仪器类型维护。糯扎渡大坝工程安全监测中所涉及的仪器类型较多，有 30 多类监测仪器，主要包括：测斜仪、电磁式沉降环、全站仪、剪变形计、渗压计、钢筋计、三方向土压力计、七向土压力计、横梁式沉降仪、固定测斜仪、水管式沉降仪、弦式沉降仪、引张线位移计、多点位移计、土体位移计组、测缝计、钢筋计、温度计、量水堰、测压管、水位观测孔、五向应变计、气温计、雨量计、水位计-上游水位、水位计-下游水位、强震仪、水库淤积仪等，而仪器类型维护功能就是对监测糯扎渡大坝环境量和效应量的监测仪器类型进行维护。

（4）仪器路径维护。为实现对某一方向上（如 X、Y、Z）进行测值分布分析和展现的目的，而将多个仪器定义到一条路径上，首先需要对这些仪器路径进行相关的定义，该

功能页面就是实现仪器路径的定义功能。

4.7.3 监测数据管理与分析

监测数据管理与分析单元主要是对大坝监测点仪器埋设信息以及测点监测数据进行管理，对测点监测数据按一定的分析方法进行归纳、整理并生成相关的二维图形以及报表，可通过三维可视化的形式展视监测点在部位以及断面上的分布情况以及监测数据管理等，监测数据管理与分析单元结构如图 4.7-3 所示，其功能划分如下。

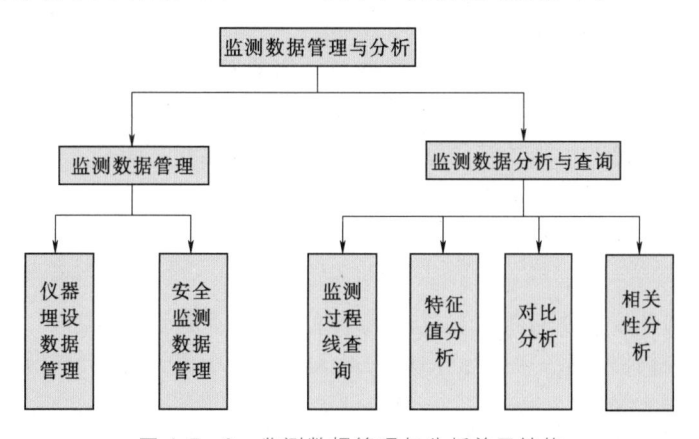

图 4.7-3 监测数据管理与分析单元结构

4.7.3.1 监测数据管理

1. 仪器埋设数据管理

在基础信息管理模块中定义了大坝的 PBS 结构、监测断面、仪器类型以及仪器路径等信息，仪器埋设数据管理即是将监测点（埋设仪器）与定义的工程部位、监测断面、仪器类型以及仪器路径进行关联，这样在进行监测成果查询和展现时，才能分别通过工程部位、监测断面、仪器类型、仪器路径等条件过滤监测点，从而实现监测数据的对比分析和测值分布查询等功能。

除了定义监测点的关联关系以外，另外在仪器埋设数据管理功能中还需要定义监测点的埋设坐标，可为三维可视化的监测成果查询提供数据基础。该仪器埋设管理功能还支持对仪器的观测项目（变形、应力、渗流）、仪器状态（损坏）、设计参数等信息进行综合管理与维护。

由于仪器埋设数据量较大，因此基本上是采用批量导入的方式进行仪器埋设数据的录入，从而为系统数据录入人员减轻数据采集的工作量。

2. 安全监测数据管理

在埋设仪器数据管理中定义好监测仪器的埋设信息后，就可在系统中记录监测仪器的安全监测数据。由于该系统的核心是数值计算和反演分析，安全监测数据管理一方面是对安全监测的原始数据进行记录，从而为安全监测数据分析和安全预警提供数据来源；另一方面也是数值计算与反演计算的计算基础，为数值计算与反演分析提供数据支持。

由于施工期监测时间均比较长，而且有些仪器是永久监测的，其监测周期长、数据量

较大，因此安全监测数据的采集也可采用批量导入的方法，从而减轻数据录入的工作量，提高工作效率。

4.7.3.2 监测数据分析与查询

1. 安全监测成果查询

安全监测成果查询功能主要是通过二维图表和报表相结合的方式进行安全监测数据的统计分析与查询，通过该功能页面可实现的查询功能如下：

（1）可分别按工程部位、监测断面、仪器类型、仪器路径、监测时段快速搜索最关心的部位和断面的监测点过程曲线。

（2）可将工程部位、监测断面、仪器类型、仪器路径、监测时间等条件进行任意组合，查询出最关心的监测点过程曲线。

（3）可分析某部位的大坝填筑进度对该部位变形的影响，即将大坝某部位的填筑过程线与该部位的变形监测数据进行相关性分析。

（4）可将相同部位不同监测项目的仪器进行关联性分析，如分析应力和变形之间的关联性。

（5）可将相同部位、相同断面或者相同路径下的测点数据进行对比分析。

（6）可对监测仪器在某一时间范围内的最大值、最小值、平均值等特征值进行统计。

2. 安全监测三维查询

安全监测三维查询功能主要是通过监测点的埋设坐标，将监测点对应到大坝建筑物模型中，从而通过三维可视化的方式，更加直观地了解到安全监测点在大坝监测部位、监测断面上的分布情况，并通过点击监测断面或监测部位模型中的监测点模型即可进行该监测点安全监测过程曲线的查询。

除了进行监测点监测过程曲线查询外，还可以进行安全监测成果中部分内容的查询，但查询由条件筛选的形式变化为通过三维可视化的方式进行。

（1）可分别按工程部位、监测断面、仪器类型、仪器路径快速搜索最关心的部位和断面的监测点过程曲线。

（2）可将工程部位、监测断面、仪器类型、仪器路径、监测时间等条件进行任意组合，查询出最关心的监测点过程曲线。

（3）可将同一路径上的仪器，按照某一时刻进行该仪器路径上的分布分析。

建筑物模型及系统三维可视化查询分别如图 4.7-4 和图 4.7-5 所示。

4.7.4 监测数据合理性判断

本单元是根据已有监测数据判断新入库数据的合理性，属于监测数据管理与分析模块中数据分析的内容。其原理为根据已有监测数据建立表现效应量（如沉降、渗流量和孔压等）与影响因素（如时间、上下游水位和各材料分区高程等）之间关系的模型，然后采用此模型根据施工进度和蓄水过程计算效应量的预测值，将新录入的监测数据与预测值相比较，从而进行合理性判断。

在合理性判断单元中，效应量与影响因素之间的关系通过两个模型表示：①神经网络模型；②统计模型。下面分别介绍这两种模型的工作原理。

图 4.7 - 4 建筑物模型

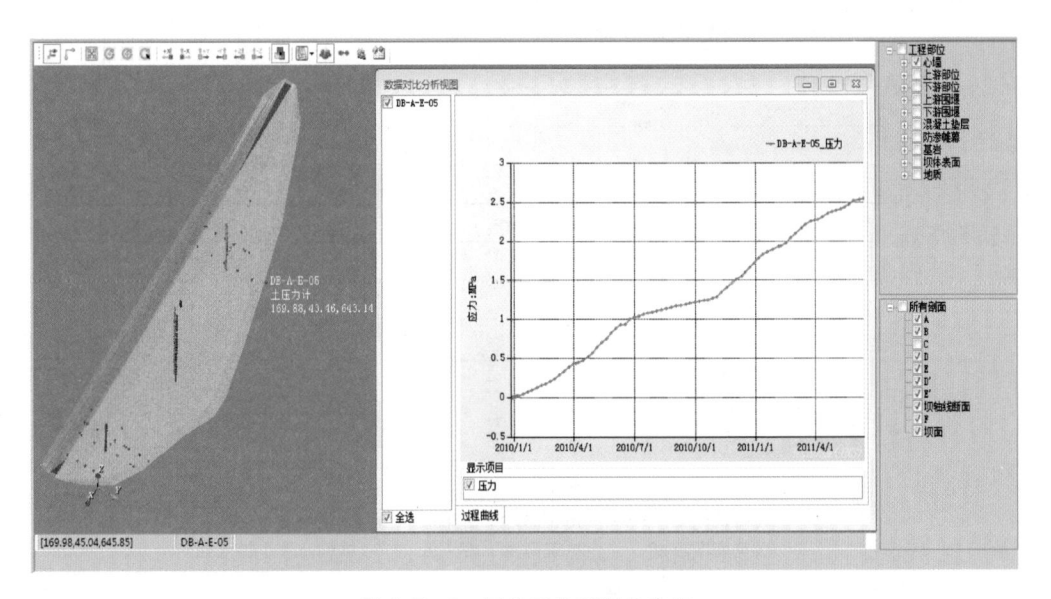

图 4.7 - 5 系统三维可视化查询

4.7.4.1 神经网络模型

由于岩土工程问题的复杂性，效应量与影响因素之间存在很强的非线性关系，这种非线性关系可以通过人工神经网络模型得到很好的映射。

图 4.7 - 6 为基于神经网络的监测数据拟合预测流程图。首先根据已有的观测数据生

成训练样本，训练神经网络模型；然后用神经网络模型拟合已有观测数据，剔除不合理的观测数据后重新训练神经网络；最后根据施工进度和蓄水过程，采用训练好的神经网络模型计算观测量的预测值。

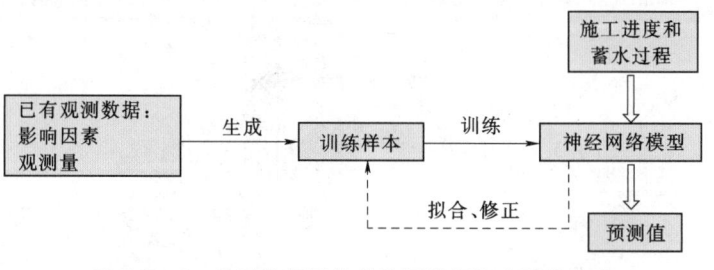

图 4.7-6 基于神经网络的监测数据拟合预测流程

这里给出一个采用神经网络模型进行模拟和预测的例子。图 4.7-7 为糯扎渡大坝在 2010 年 3 月至 2011 年 7 月的施工进度（包括各材料分区的填筑高程）和蓄水过程，图 4.7-8 为采用神经网络模型对上游堆石体中 5 个弦式沉降仪观测数据进行模拟和预测的结果图。图中神经网络模型较好地模拟了各测点沉降与影响因素之间的关系，再现了各测点的时间过程曲线。

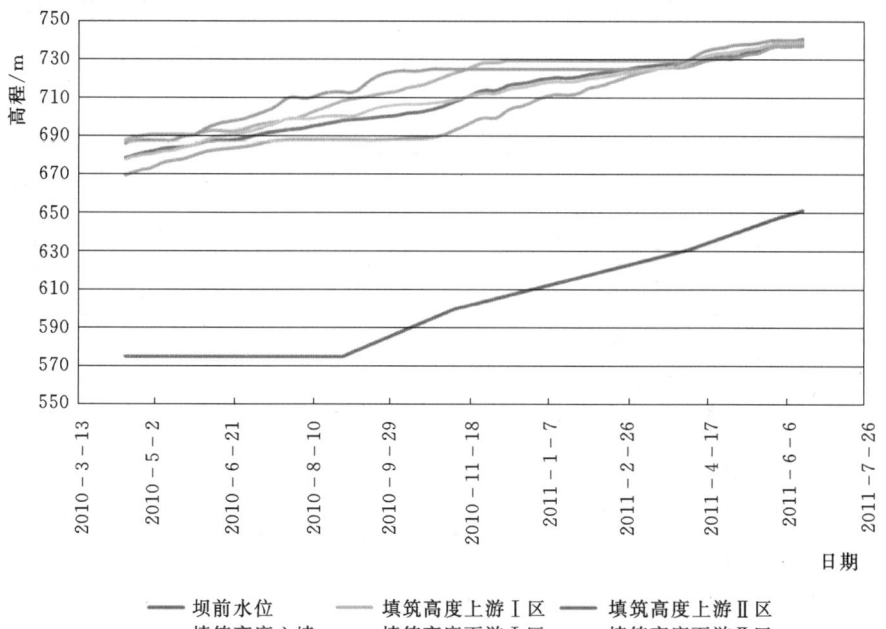

图 4.7-7 2010 年 3 月至 2011 年 7 月的施工进度和蓄水过程

4.7.4.2 统计模型

图 4.7-9 为采用统计模型拟合预测监测数据的流程，与神经网络模型类似。统计模型为确定性模型，显式地表达观测量与影响因素的关系，因此必须确定模型因子。例如，与时间 t 有关的模型因子通常有 t、$t_{0.5}$、$1/(1+t)$、$\ln(1+t)$ 等，必须对监测数据进行分析，选用合适的模型因子。

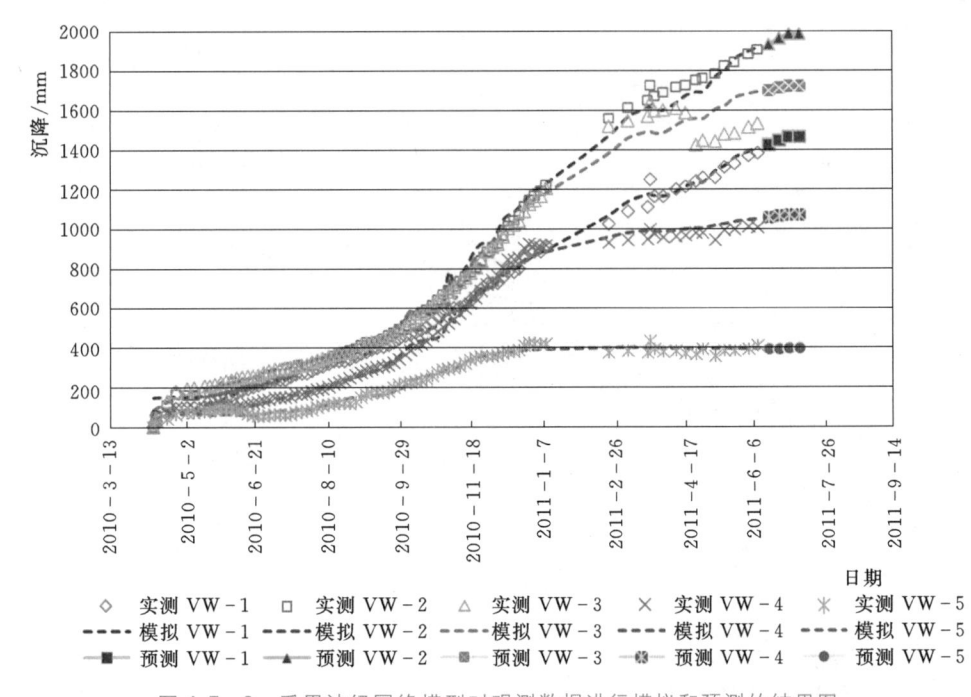

图 4.7-8　采用神经网络模型对观测数据进行模拟和预测的结果图

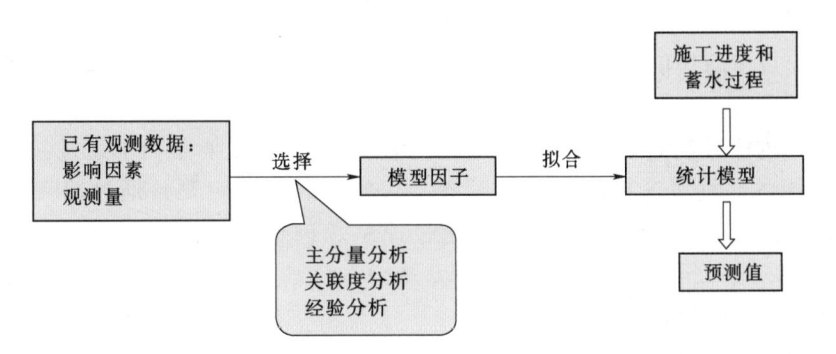

图 4.7-9　采用统计模型拟合预测监测数据的流程

图 4.7-10 为采用统计模型对观测数据进行拟合和预测的结果图，所选的模型因子为 t（时间）、$\ln(1+t)$、h_w（上游水位）、h_{u2}（上游Ⅱ区高程）、h_c（心墙高程）、$\ln[h_{d2}$（下游Ⅱ区高程）]。从图 4.7-10 中可以看出，通过选择合适的模型因子，统计模型也较好地拟合了观测数据与影响因素之间的关系。

4.7.5　工程信息管理与查询

工程信息管理与查询单元主要是对各部位的施工填筑进度进行记录，并通过三维可视化的方式进行工程进度展现。

4.7.5.1　工程信息管理

工程信息管理功能主要是对工程进度信息进行管理，包括工程进度填筑高程和工程进度控制点信息管理两部分。

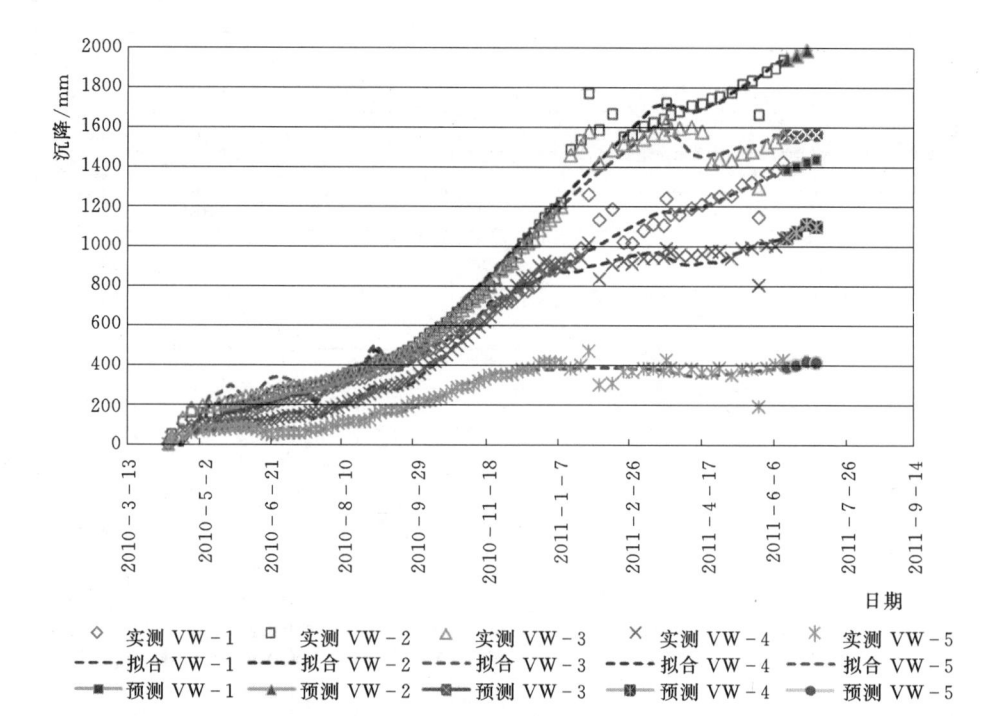

图 4.7 - 10　采用统计模型对观测数据进行拟合和预测的结果图

（1）工程进度高程信息。工程进度高程信息管理主要反映各工程部位填筑高程随时间变化的过程记录。

（2）工程进度控制点信息。工程进度控制点信息管理主要是为了通过三维可视化的方式展现大坝各部位的三维填筑进度形象，其形象的展现主要是通过输入大坝实际填筑过程中的特征面的控制点坐标，再以通过控制点进行切割模型的方式展现大坝填筑进度。

4.7.5.2　工程进度查询

工程进度查询主要是通过三维可视化的方式展现大坝填筑进度，并支持按大坝填筑进度进行大坝填筑过程的动态播放，工程进度查询界面如图 4.7 - 11 所示。

4.7.6　数值计算管理

数值计算管理是指对于数值计算基础信息的管理和维护，包含计算工况描述信息、几何模型、材料分区、材料参数、施工级等数据的解析与导入。数值计算管理模块主要功能如图 4.7 - 12 所示。

4.7.6.1　仿真工况管理

（1）计算工况。仿真工况管理分别对静力计算、渗流计算、动力计算、裂缝计算、稳定分析等五大类计算的计算工况信息进行维护，对数值计算文件进行解析。

（2）计算工况信息包括：工况描述、计算参数、计算时间以及计算人等信息。

（3）计算文件主要包括：计算参数文件、计算模型文件、施工级和蓄水过程文件、计算结果文件等。

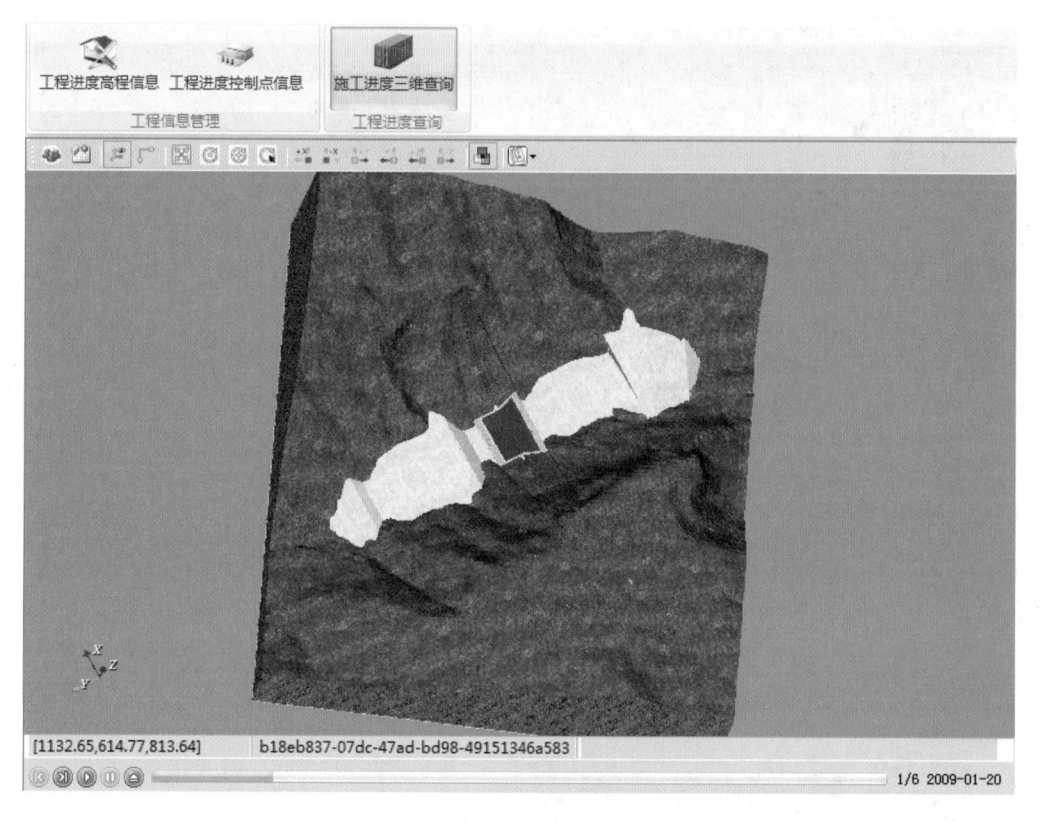

图 4.7-11　工程进度查询界面

4.7.6.2　仿真结果解析

系统通过对计算参数文件、施工级文件、模型文件以及计算结果文件进行解析后，以三维可视化的方式对应力、位移、应力水平、各种水力要素、动力响应等成果数据以多种形式进行可视化展现。其数据展现形式包括：分布图、矢量图、等值面、表面等值线、剖面图等。

图 4.7-13～图 4.7-15 是其中一些计算结果的可视化展现界面。

该模块可将大坝网格模型中受约束的点在模型中

```
┌──────────────────┐
│   数值计算管理      │
└──────────────────┘
     │
  ┌──┼──────────┐
  ▼     ▼         ▼
┌────┐ ┌────┐  ┌────┐
│仿真│ │仿真│  │嵌入│
│工况│ │结果│  │式计│
│管理│ │解析│  │算管│
│    │ │    │  │理  │
└────┘ └────┘  └────┘
```

图 4.7-12　数值计算管理模块主要功能

进行显示，将水位线、节点的矢量图在仿真计算模型中进行展现。可实现监测数据时间过程曲线与计算过程曲线的对比功能，通过对比实现对计算结果的验证，同时也更有利于对监测结果的理论分析。通过将大坝数值计算网格模型中节点位移放大一定的倍数，可更加直观地反映大坝变形的突出部位，大坝变形位移放大 100 倍后的形态如图 4.7-16 所示。

4.7.6.3　嵌入式计算管理

嵌入式数值计算功能主要是通过在原计算工况的基础上进行材料参数、施工级参数及相关边界参数的修改，然后调用清华大学的数值计算接口程序，进行数值计算，并形成相

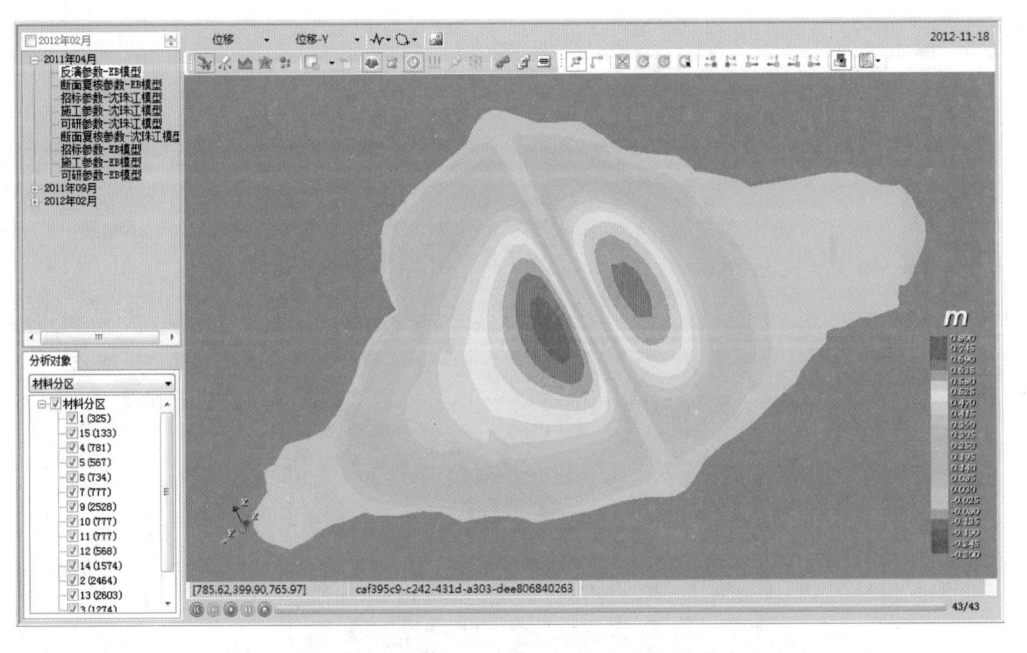

图 4.7－13　反演参数-EB 模型沿 Y 方向位移的分布图查询

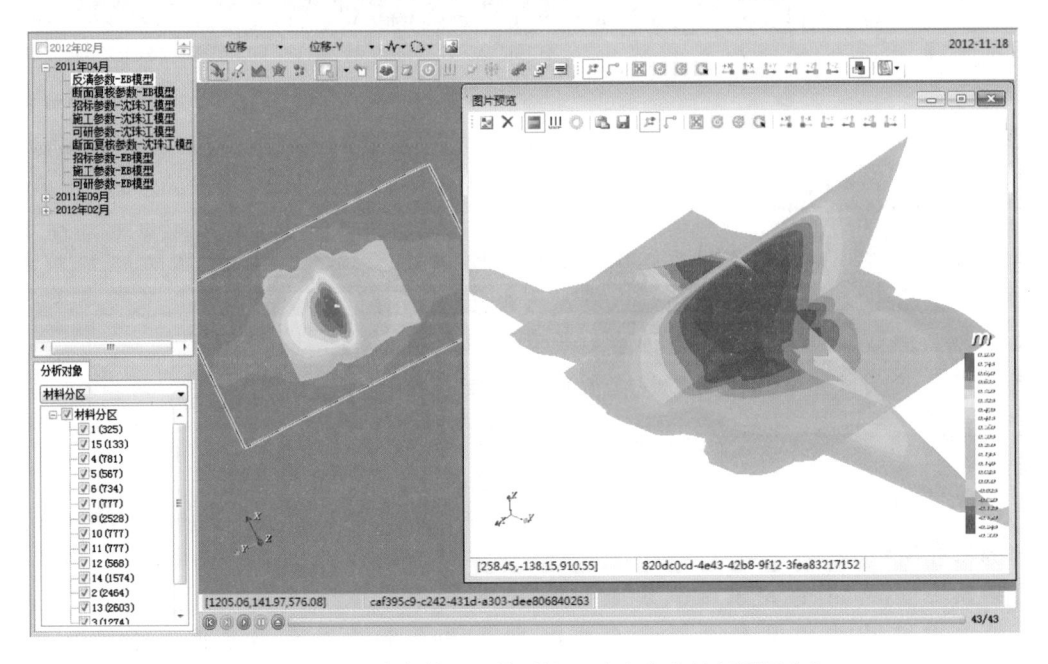

图 4.7－14　反演参数-EB 模型沿 Y 方向位移的剖视图查询

应的计算和分析结果数据。

　　嵌入式数值计算功能实现对某些特定的数值计算进行封装，通过系统平台输入相应的模型、材料分区、施工级等数据，结合相关边界条件信息进行数值计算。其中部分输入数据允许客户手动调整，进而实现个性化的数值计算功能。嵌入式数值计算完成后，可以进一步实现对计算结果的实时查看和保存。

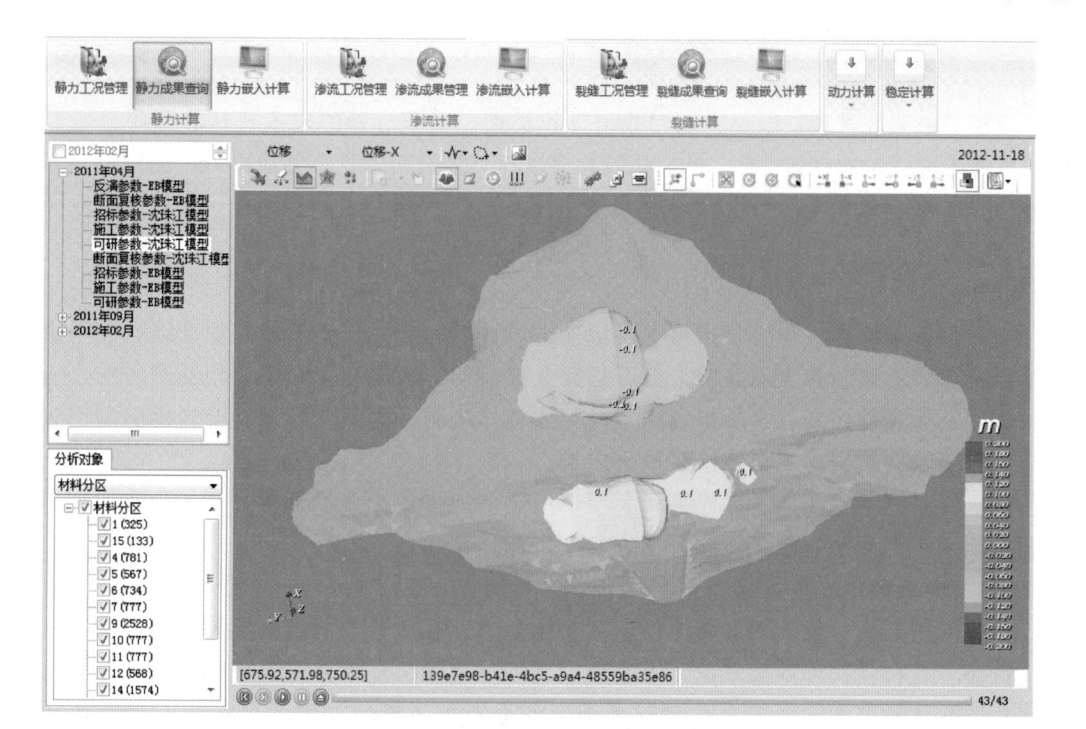

图 4.7 - 15　可研参数-沈珠江模型沿 X 方向位移的等值面查询

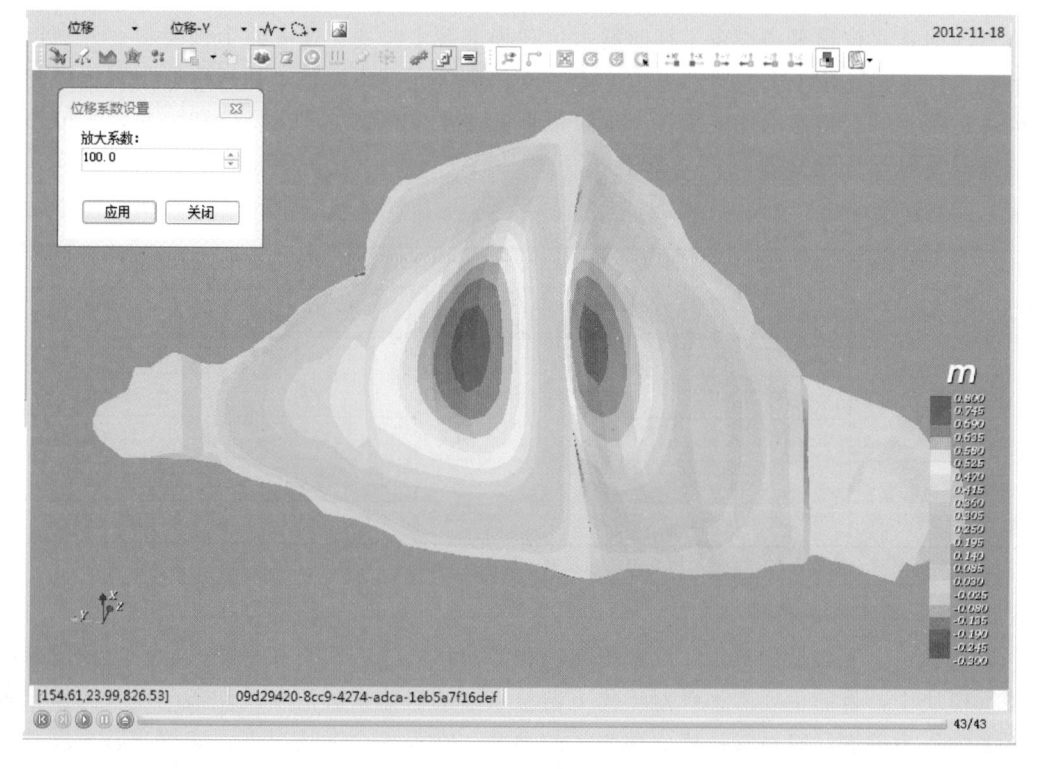

图 4.7 - 16　大坝变形位移放大 100 倍后的形态

4.7.7 反演分析管理

反演分析工况管理及结果查询和数值计算类似。反演分析的嵌入式计算程序分为两部分，首先生成样本和目标文件，然后执行程序进行反演分析。计算完成以后，用户可在系统中查看所选择反演参数的有限元计算以及观测数据随时间变化的过程曲线，进行对比选择。

4.7.8 土石坝安全指标体系

土石坝安全控制（预警）指标主要包括坝坡稳定、应力与变形、大坝裂缝、大坝渗流及工程抗震等方面，各方面安全指标不是完全独立的，而是相互联系、相互制约的，有些指标是以坝体局部控制，有些指标则是以坝体整体控制。因此，大坝安全指标的制定较为困难，需要具备丰富的工程经验及科研成果。

根据糯扎渡工程前期研究成果和大坝现场监测成果，分大坝整体安全指标和大坝分项安全指标两个部分来介绍糯扎渡大坝的安全指标体系。

4.7.8.1 大坝整体安全指标

整体安全指标关系大坝的整体稳定和工作性态。在所开发的安全预警与应急预案模块中，目前主要包括：坝前蓄水位、渗透稳定、坝体变形、坝坡稳定、坝体裂缝和工程抗震等共6个整体预警类。由于水位对于大坝的安全有重大影响，因此也作为一个整体预警类。随着工程的进展和水库的运行，用户还可以添加新的预警类。

1. 坝前蓄水位预警类

对坝前蓄水位预警类设定了坝前蓄水位和坝前蓄水位变化速度两个预警项，分别包括了上游水位值、水位上升速度和水位下降速度等预警元。不同施工和运行期判别标准的不同可通过调整安全指标的设置实现。现阶段坝前蓄水位预警类安全指标和坝前蓄水位预警类三级预警标准分别见表4.7-1和表4.7-2。

表4.7-1 坝前蓄水位预警类安全指标

预警项	预警元	预警元测点	安全指标	
			取值	说明
坝前蓄水位	警戒水位	坝前水位测点群	待定	警戒水位
	限制水位		待定	限制水位
	极限水位		待定	坝顶高程
坝前蓄水位变化速度	上升速度	坝前水位测点群	待定	上升速度限制
	骤降速度		待定	下降速度限制

注 施工期的上游水位值可参考心墙填筑高程给出；蓄水期和运行期的上游水位值可根据校核洪水位给出。

2. 渗透稳定预警类

渗透稳定主要包括渗流量、渗水浑浊度和渗水压力等方面。在所开发的安全预警与应急预案模块中，目前主要考虑针对坝体下游量水堰的渗流量测值和波动情况以及防渗帷幕上下游的压力差进行整体渗透稳定预警类的预警。在条件合适情况下，建议安装可反映渗水浑浊度的观测仪器，此时可增加渗水浑浊度预警项。对于不同位置的渗水压力监测值，

表 4.7 - 2   坝前蓄水位预警类三级预警标准

预警项	预警元	三级预警标准/%		
		黄	橙	红
坝前蓄水位	警戒水位	>100	—	—
	限制水位	—	>100	—
	极限水位	—	—	>100
坝前蓄水位 变化速度	上升速度	>110	>130	>150
	骤降速度	>110	>130	>150

注 预警标准为与安全指标的比值（%）。

在该系统中将它们归类入了分项预警项目。

渗流量分析应着重研究其当前观测值与历史观测值的相对变化情况、渗漏水的水质和携出物含量的变化情况，并结合渗流压力分析，综合评价大坝的渗流安全程度。在相同库水位下，渗流量增大、渗流压力的不合理变化和携出物增多，则表示渗流状况向不利安全的方向发展。

（1）对大坝渗流总量可针对坝后量水堰测得的大坝日渗流量进行预警。

1）根据规范相关规定、监测资料分析成果、数值计算成果、工程类比、专家经验等，可设定大坝渗流量的控制值作为整体渗流量的控制指标（对应表 4.7 - 3 中的控制设定值）。

2）坝体渗流量和水库蓄水位密切相关，可根据不同阶段渗流计算分析结果建立坝体渗流量和库水位的相关包络线，作为坝体整体渗流量的控制指标（对应表 4.7 - 3 中的流量-水位包络线）。

3）由于各种条件的复杂性，预估或计算大坝的渗流量的准确值十分困难，因此，根据已经测得的大坝渗流量过程曲线，采用神经网络模型或统计模型的预测值作为控制指标可能具有更强的可操作性（对应表 4.7 - 3 中的监测曲线预测值）。

4）大坝渗流量最大值是普遍关注的数值，可将渗流量达到历史最大值作为黄色预警的指标（对应表 4.7 - 3 中的历史最大值）。

表 4.7 - 3   渗透稳定预警类安全指标

预警项	预警元	预警元测点	安全指标	
			取值	说明
日渗流量	设定值	坝后量水堰	待定	控制设定值
	水位过程		系统自动	流量-水位包络线
	监测预测值		系统自动	监测曲线预测值
	历史最大值		系统自动	历史最大值
日渗流增量	周增量最大值	坝后量水堰	系统自动	周增量最大值＋参考值①
	监测预测值		系统自动	监测曲线预测值＋参考值②
帷幕上下游 渗流压力差	总量设定值	上下游渗压计测点对	待定	根据容许渗透比降确定
	周增量最大值		系统自动＋5m	前四周最大周增量＋参考值
渗水浑浊度	携出物含量	暂无	暂无	暂无

① 采用稳定渗流有限元计算程序计算。

② 根据前期监测过程曲线确定。

（2）大坝渗流量的突然波动通常反映了坝体渗流状况的突变，可将坝后量水堰测得的日渗流增量设置为预警项。

1）对于大坝渗流量增量，建议以前一周内日渗流增量的最大值作为安全指标，以日渗流增量的突增作为判别标准。考虑到当日渗流增量的量级较小时，日渗流增量的波动不具实际意义，因此对日渗流增量设置参考值，只有当日渗流增量大于该参考值时才进行预警判断（对应表 4.7-3 中的周增量最大值＋参考值）。

2）根据已测得的大坝渗流量过程曲线，采用神经网络模型或统计模型的预测值作为控制指标（对应表 4.7-3 中的监测曲线预测值＋参考值）。

在安装可反映渗水浑浊度的观测仪器后，可将渗水浑浊度设置为预警项。

防渗帷幕上下游渗流压力差反映渗透比降，可将渗流压力差作为一个预警项，设置总量和增量突变（周增量）两个预警元。

渗透稳定预警类安全指标和渗透稳定预警类三级预警标准分别见表 4.7-3 和表 4.7-4。

表 4.7-4　　　　　　　　　　渗透稳定预警类三级预警标准

预警项	预警元	三级预警标准/%		
		黄	橙	红
日渗流量	设定值	>110	>130	>150
	水位过程			
	监测预测值			
	历史最大值	>100	—	—
日渗流增量	周增量最大值	>150	>200	>250
	监测预测值	>110	>130	>150
帷幕上下游渗流压力差	总量设定值	>110	>130	>150
	周增量最大值	>150	>200	>250
渗水浑浊度	携出物含量	暂无	暂无	暂无

3. 坝体变形预警类

心墙堆石坝坝体最大沉降一般位于心墙中部或中下部。对于一般高土坝，规范建议以最大坝高的 1.0% 作为控制标准。根据国内外近年来超高土石坝的工程经验，对于 200～300m 级超高土石坝，坝体最大沉降大多会超过最大坝高的 1.0%，对于坝高达 261.5m 的糯扎渡高心墙堆石坝，控制坝体最大沉降占最大坝高的 1.5% 左右符合目前工程的实际状况。

坝顶沉降变形通常由坝体的后期变形导致。过大的坝顶沉降变形通常和坝顶裂缝的发生相联系。坝顶沉降变形的控制标准可根据糯扎渡已有研究成果，并参照小浪底和瀑布沟等工程的经验确定。

有关坝体顺河向最大水平位移控制标准的选取也是个较为困难的问题，可在综合分析已有工程经验、坝体有限元计算结果和前期现场监测结果的基础上，提出现阶段的控制标准。随着现场监测成果的逐步丰富，可逐步改进使其更加符合糯扎渡工程的实际状况。

根据以上讨论，针对整体坝体变形预警类，共设置了坝体最大沉降、坝顶最大沉降和坝

体最大顺河向水平位移共 3 个预警项，每个预警项又包括设定值、时间过程和增量突变等共计 10 个预警元，坝体变形预警类安全指标见表 4.7-5 所示，坝体变形预警类三级预警标准见表 4.7-6。不同建设和运行时期判别标准的不同可通过调整安全指标的设置实现。

表 4.7-5　　　　　　　　　　　坝体变形预警类安全指标

预警项	预警元	预警元测点	安全指标	
			取值	说明
坝体最大沉降	设定值	沉降测点群	5.0m	控制设定值①
	时间过程		沉降-时间包络线	有限元计算确定②
	增量突变		系统自动+50mm	前四周最大周增量+施工期参考值
坝顶最大沉降	设计超高	坝顶沉降测点群	待定	设计沉降预留超高
	设定值		1.31m	控制设定值③
	时间过程		沉降-时间包络线	有限元计算确定②
	增量突变		系统自动+50mm	前四周最大周增量+参考值
坝体最大顺河向水平位移	设定值	水平位移测点群	2.5m	控制设定值④
	时间过程		位移-水位包络线	有限元计算确定②
	增量突变		系统自动+15mm	前四周最大周增量+施工期参考值

① 1.91%坝高，根据相关规范、数值计算分析结果和专家意见等现阶段综合结果确定。
② 根据考虑流变变形的有限元计算确定。
③ 0.5%坝高，根据相关规范、数值计算分析结果和专家意见等现阶段综合结果确定。
④ 0.96%坝高，根据相关规范、数值计算分析结果和专家意见等现阶段综合结果确定。

表 4.7-6　　　　　　　　　　　坝体变形预警类三级预警标准

预警项	预警元	三级预警标准/%		
		黄	橙	红
坝体最大沉降	设定值	>105	>110	>120
	时间过程	>110	>130	>150
	增量突变	>150	>200	>250
坝顶最大沉降	设计超高	>70	>80	>90
	设定值	>100	>110	>130
	时间过程	>110	>130	>150
	增量突变	>150	>200	>250
坝体最大顺河向水平位移	设定值	>100	>110	>130
	时间过程	>110	>130	>150
	增量突变	>150	>200	>250

4. 坝坡稳定预警类

控制坝坡稳定有施工期（包括竣工时）、稳定渗流期、水库水位降落期和正常运用遇地震 4 种工况，应计算的内容有：①施工期的上、下游坝坡；②稳定渗流期的上、下游坝

坡；③水库水位降落期的上游坝坡；④正常运用遇地震的上、下游坝坡等。

坝坡抗滑稳定计算一般采用刚体极限平衡法或有限元强度折减法，通过对坝坡抗滑稳定计算结果进行分级，将其作为大坝结构安全评价指标。但上述基于坝坡稳定分析的安全评价指标主要根据坝坡的几何形状、材料分区和材料参数等通过稳定计算得到，不涉及大坝安全监测数据，也无法直接应用于大坝的安全预警。

大量工程经验表明，当坝坡接近失稳状态时，坝坡的变形状态通常会表现出一些特定的特征。例如，坝坡发生总量很大的变形、测点变形曲线出现拐点、变形速率突然增大、潜在滑裂面两侧测点的变形差突然增加等。据此并考虑糯扎渡大坝上下游坡面视准线及坡面附近位移监测点的布置情况，针对坝坡稳定预警类，共设置了上游坡面最大顺河向水平位移、上游坡面最大沉降、下游坡面最大顺河向水平位移、下游坡面最大沉降、坝坡测点对位移差共 5 个预警项，每个预警项又包括监测预测值和增量突变等共计 10 个预警元，坝坡稳定预警类安全指标见表 4.7 - 7，坝坡稳定预警类三级预警标准见表 4.7 - 8。

表 4.7 - 7　　　　　　　　　　坝坡稳定预警类安全指标

预警项	预警元	预警元测点	安　全　指　标	
			该阶段取值	说明
上游坡面最大顺河向水平位移	监测预测值	上游坡面视准线测点群	系统自动	前期观测数据预测值
	增量突变		系统自动+15mm	前四周最大周增量＋施工期参考值①
上游坡面最大沉降	监测预测值	上游坡面视准线测点群	系统自动	前期观测数据预测值
	增量突变		系统自动+20mm	前四周最大周增量＋施工期参考值①
下游坡面最大顺河向水平位移	监测预测值	下游坡面视准线测点群	系统自动	前期观测数据预测值
	增量突变		系统自动+15mm	前四周最大周增量＋施工期参考值①
下游坡面最大沉降	监测预测值	下游坡面视准线测点群	系统自动	前期观测数据预测值
	增量突变		系统自动+20mm	前四周最大周增量＋施工期参考值①
坝坡测点对位移差②	监测预测值	坝坡典型位移测点对	系统自动	前期观测数据预测值
	增量突变		系统自动+10mm	前四周最大周增量＋施工期参考值①

① 可根据工程的不同阶段，给不同的参考值。

② 位移可为顺河向水平位移，也可为沉降；可定义多组测点对。

不同建设和运行时期判别标准的不同可通过调整安全指标的设置实现。

5. 坝体裂缝预警类

在坝体裂缝整体预警类中，目前主要考虑了坝顶横向裂缝和纵向裂缝的预警，关于心墙水平裂缝、垫层及廊道内裂缝等可在分项项目中考虑。

一般认为，坝顶横向裂缝的发生与坝顶后期沉降量过大或不均匀相关。顾淦臣统计整理了国内外 55 座土石坝的水平位移、竖向位移和裂缝资料，发现竣工后坝顶最大竖向位移为坝高的 1% 以下的坝都没有发生裂缝；坝顶最大竖向位移为坝高的 3% 以上的坝都发

表 4.7-8　　　　　　　　　　坝坡稳定预警类三级预警标准

预警项	预警元	三级预警标准/%		
		黄	橙	红
上游坡面 最大顺河向水平位移	监测预测值	>110	>120	>130
	增量突变	>150	>200	>250
上游坡面最大沉降	监测预测值	>110	>120	>130
	增量突变	>150	>200	>250
下游坡面 最大顺河向水平位移	监测预测值	>110	>120	>130
	增量突变	>150	>200	>250
下游坡面最大沉降	监测预测值	>110	>120	>130
	增量突变	>150	>200	>250
坝坡测点对位移差	监测预测值	>110	>130	>150
	增量突变	>150	>200	>250

生了裂缝；坝顶最大竖向位移大于坝高的 1%、小于坝高的 3% 时，有的坝发生了裂缝，有的坝没有发生裂缝，根据土料的性质和其他因素而定。

在土石坝工程中，一个常用的裂缝判别方法是变形倾度法。学者在调查国内外多座土石坝的不均匀沉降后发现，若坝体不均匀沉降的倾度值大于 1%，则坝体就将产生裂缝；变形倾度值小于 1% 时，坝体一般不出现裂缝，建议以此作为裂缝产生的判别标准。

在判断坝顶纵向拉裂的可能性时，还可采用上游坝肩和下游坝肩的顺河向水平变形之差与坝顶宽之比，即所谓拉裂时的伸长应变作为判别指标，该值一般为 0.5%~1.0%。

考虑糯扎渡大坝目前与裂缝相关的监测仪器的布置，共设置了坝顶最大沉降、坝顶横向裂缝、坝顶纵向裂缝、裂缝测缝计共 4 个预警项，每个预警项又包括坝顶裂缝综合、坝轴向变形倾度、横河向变形倾度、水平应变等共计 6 个预警元，坝体裂缝预警类安全指标见表 4.7-9，坝体裂缝预警类三级预警标准见表 4.7-10。

表 4.7-9　　　　　　　　　　坝体裂缝预警类安全指标

预警项	预警元	预警元测点	安 全 指 标	
			本阶段取值	说 明
坝顶最大沉降	坝顶裂缝综合	坝顶沉降测点群	1.03m	据糯扎渡国电攻关项目科研成果确定
坝顶横向裂缝	坝轴向变形倾度	坝轴向布置的坝顶沉降测点对	变形倾度 1%	可根据测点对间距，确定最大沉降差
坝顶纵向裂缝	横河向变形倾度	上下游向布置的坝顶沉降测点对	变形倾度 1%	可根据测点对间距，确定最大沉降差
	水平应变	上下游向布置的坝顶顺河向水平位移测点对	开裂水平应变	根据小浪底等大坝的经验取值（0.4%）
裂缝测缝计	裂缝张开量	暂无		
	裂缝张开速度	暂无		

表 4.7-10   坝体裂缝预警类三级预警标准

预警项	预警元	三级预警标准/%		
		黄	橙	红
坝顶最大沉降	坝顶裂缝综合	>100	>110	>130
坝顶横向裂缝	坝轴向变形倾度	>80	>90	>100
坝顶纵向裂缝	横河向变形倾度	>80	>90	>100
	水平拉应变	>80	>90	>100
裂缝测缝计	裂缝张开量	暂无		
	裂缝张开速度	暂无		

6. 工程抗震预警类

此部分内容对应的指标主要通过稳定和动力计算得到，目前尚未安装相应的监测仪器。由于地震的发生为自然突发事件，对其进行预警尚没有可靠的手段。

4.7.8.2   大坝分项安全指标

分项安全指标控制大坝局部和典型测点的工作性态，目前主要包括以下几个预警类：坝体水平位移、沉降、渗流、应力和裂缝。随着工程的进展和水库的运行，用户还可以添加新的预警类安全指标。

1. 水平位移预警类

根据工程实测点分布情况，共选取 15 个典型测点作为大坝顺河向水平位移的安全预警测点（图 4.7-17）。选点的主要原则为：坝体最大水平位移发生区域以及可控制坝坡稳定性。

对这些选取的测点均采用变形总量和周增量的方法进行预警，相应安全指标均根据测点前期观测数据由系统自动确定。其中，对变形总量直接采用统计模型或神经网络法的预测值；对于周增量，安全指标直接取监测结果前四周内周增量最大值，考虑到有时增量值量级较小，不具实际预警意义，还设置了相应的参考值，当增量值小于参考值时，不进行预警。每个测点的参考值可根据该测点前期监测数据给定。表 4.7-11 为水平位移预警类典型监测点及安全指标，表 4.7-12 为水平位移预警类分项三级预警标准。

2. 沉降预警类

根据工程实测点分布情况，共选取 50 个典型测点作为大坝沉降变形的安全预警测点。选点的主要原则为：测点分布于大坝不同工程部位（上下游坝坡、心墙等）及不同高程，以综合体现坝体沉降变形特征，反映大坝安全性态。具体包括：心墙、上下游坝体各 20 个，坝顶 10 个，具体沉降典型监测点布置如图 4.7-18 所示。

对这些选取的测点均采用变形总量和周增量的方法进行预警，相应安全指标均根据测点前期观测数据由系统自动确定。其中，对变形总量直接采用统计模型或神经网络法的预测值；对于周增量，安全指标直接取监测结果前四周内周增量最大值，考虑到有时增量值量级较小，不具实际预警意义，还设置了相应的参考值，当增量值小于参考值时，不进行预警。每个测点的参考值可根据该测点前期监测数据给定。表 4.7-13 为沉降预警类典型监测点及安全指标，表 4.7-14 为沉降预警类分项三级预警标准。

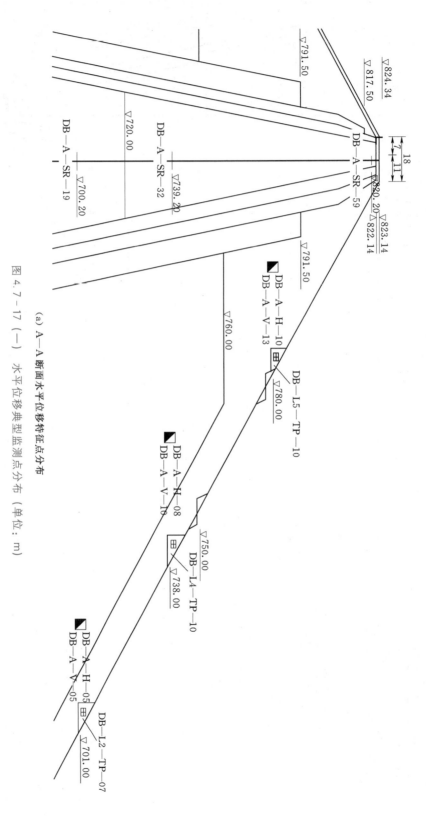

图 4.7 - 17 (一) 水平位移典型监测点分布 (单位: m)

(a) A—A 断面水平位移特征点分布

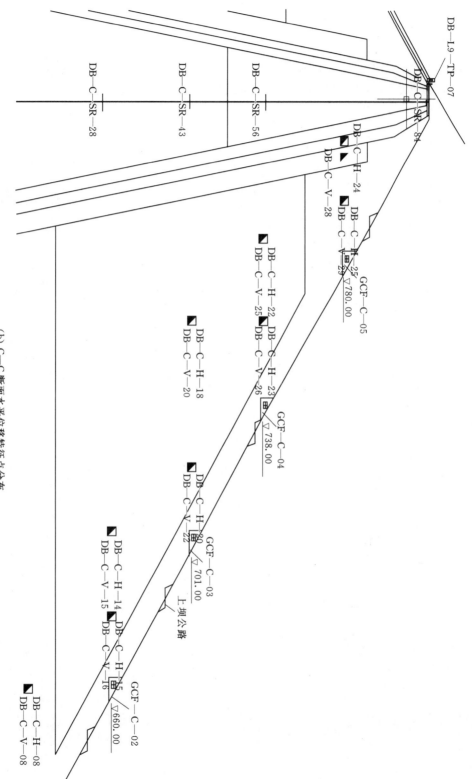

图 4.7-17 (二) 水平位移典型监测点分布 (单位：m)

(b) C-C断面水平位移特征点分布

DB-L9-TP-07

DB-C-SR-84

DB-C-SR-28

DB-C-SR-43

DB-C-SR-56

DB-C-H-24
DB-C-V-28

DB-C-H-25
DB-C-V-29
▽780.00
GCF-C-05

DB-C-H-22
DB-C-V-25
DB-C-H-23
DB-C-V-26

DB-C-H-18
DB-C-V-20

▽738.00
GCF-C-04

DB-C-H-20
DB-C-V-22
▽701.00
GCF-C-03

DB-C-H-14
DB-C-V-15

上坝公路

DB-C-H-05
DB-C-V-16
▽660.00
GCF-C-02

DB-C-H-08
DB-C-V-08

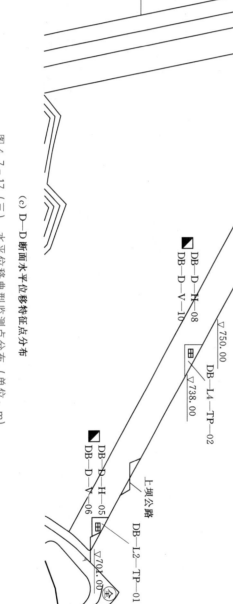

(c) D—D 断面水平位移特征点分布

图 4.7-17（三） 水平位移典型监测点分布（单位：m）

心墙轴线

▽720.00

▽822.78
△821.78
▽806.50

上坝公路

▽791.50

DB—D—H—10
DB—D—V—13

DB—L5—TP—03

▽780.00

▽760.00

DB—D—H—08
DB—D—V—10

▽750.00

DB—L4—TP—02

▽738.00

DB—D—H—05
DB—D—V—06

上坝公路

DB—L2—TP—01

▽704.00

全

强

Q^{dl}

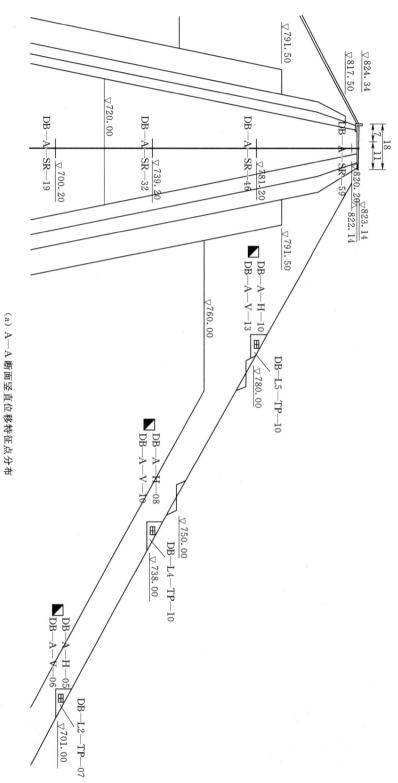

图 4.7-18 (一) 沉降典型监测点布置 (单位: m)

(a) A—A 断面竖直位移特征点分布

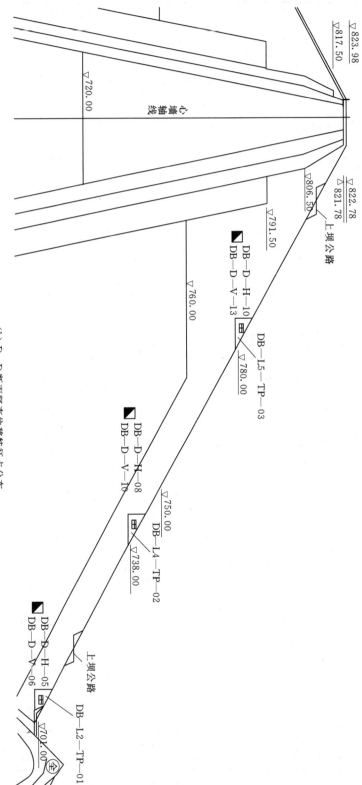

图 4.7 - 18 （二） 沉降典型监测点布置（单位：m）

（b） D—D 断面竖直位移特征点分布

表 4.7－11 水平位移预警类典型监测点及安全指标

断面	工程部位	高程 /m	监测点号	安全指标	
				总量	周增量
C—C	下游	617.00	DB—C—H—08	统计模型或神经网络模型预测值	1. 前四周内周增量最大值； 2. 参考值：15mm
		660.00	DB—C—H—14		
			DB—C—H—15		
		701.00	DB—C—H—18		
			DB—C—H—20		
		738.00	DB—C—H—22		
			DB—C—H—23		
		780.00	DB—C—H—24		
			DB—C—H—25		
A—A	下游	701.00	DB—A—H—05		
		738.00	DB—A—H—08		
		780.00	DB—A—H—10		
D—D	下游	701.00	DB—D—H—05		
		738.00	DB—D—H—08		
		780.00	DB—D—H—10		

表 4.7－12 水平位移预警类分项三级预警标准

安全指标	三级预警标准/%		
	黄	橙	红
总量	＞110	＞120	＞130
周增量	＞150	＞200	＞250

表 4.7－13 沉降预警类典型监测点及安全指标

断面	工程部位	高程 /m	监测点号	安全指标	
				总量	增量
C—C	心墙	655.20	DB—C—SR—28	统计模型或神经网络模型预测值	1. 前四周内周增量最大值； 2. 参考值：50mm
		700.20	DB—C—SR—43		
		739.20	DB—C—SR—56		
		781.20	DB—C—SR—70		
		820.20	DB—C—SR—84		
	下游	617.00	DB—C—V—08		
		660.00	DB—C—V—15		
			DB—C—V—16		
			DB—L2—TP—04		
		701.00	DB—C—V—20		

断面	工程部位	高程 /m	监测点号	安全指标	
				总量	增量
C—C	下游	701.00	DB—C—V—22	统计模型或神经网络模型预测值	1. 前四周内周增量最大值； 2. 参考值：50mm
			DB—L2—TP—05		
		738.00	DB—C—V—25		
			DB—C—V—26		
			DB—L4—TP—07		
		780.00	DB—C—V—28		
			DB—C—V—29		
			DB—L5—TP—07		
		823.10	DB—L6—TP—07		
	上游	656.00	DB—C—VW—05		
		701.00	DB—L11—TP—04		
			DB—C—VW—09		
			DB—C—VW—08		
		738.00	DB—L10—TP—05		
			DB—C—VW—13		
			DB—C—VW—12		
		780.00	DB—L9—TP—06		
			DB—C—VW—15		
		823.50	DB—L7—TP—07		
A—A	心墙	700.20	DB—A—SR—19		
		739.20	DB—A—SR—32		
		820.20	DB—A—SR—59		
	下游	701.00	DB—A—V—06		
			DB—L2—TP—07		
		738.00	DB—A—V—10		
			DB—L4—TP—10		
		780.00	DB—A—V—13		
			DB—L5—TP—10		
		821.69	DB—L6—TP—11		
D—D	下游	701.00	DB—D—V—06		
			DB—L2—TP—01		
		738.00	DB—D—V—10		
			DB—L4—TP—02		
		780.00	DB—D—V—13		
			DB—L5—TP—03		
		821.69	DB—L6—TP—03		

表 4.7 - 14 沉降预警类分项三级预警标准

安全指标	三级预警标准/%		
	黄	橙	红
总量	>110	>120	>130
周增量	>150	>200	>250

3. 渗流预警类

渗流分项预警主要针对廊道量水堰和渗压计两类监测仪器进行。其中，廊道量水堰选定全部 8 个测点（图 4.7 - 19）；对于渗压计根据工程实测点分布情况，共选取了 61 个典型测点作为渗透压力安全预警典型监测点（图 4.7 - 20）。选点原则为：分布于大坝不同工程部位（上下游堆石料及反滤料、心墙、接触黏土、防渗墙等）及不同高程，以综合体现大坝的渗流特征，反映大坝安全性态。

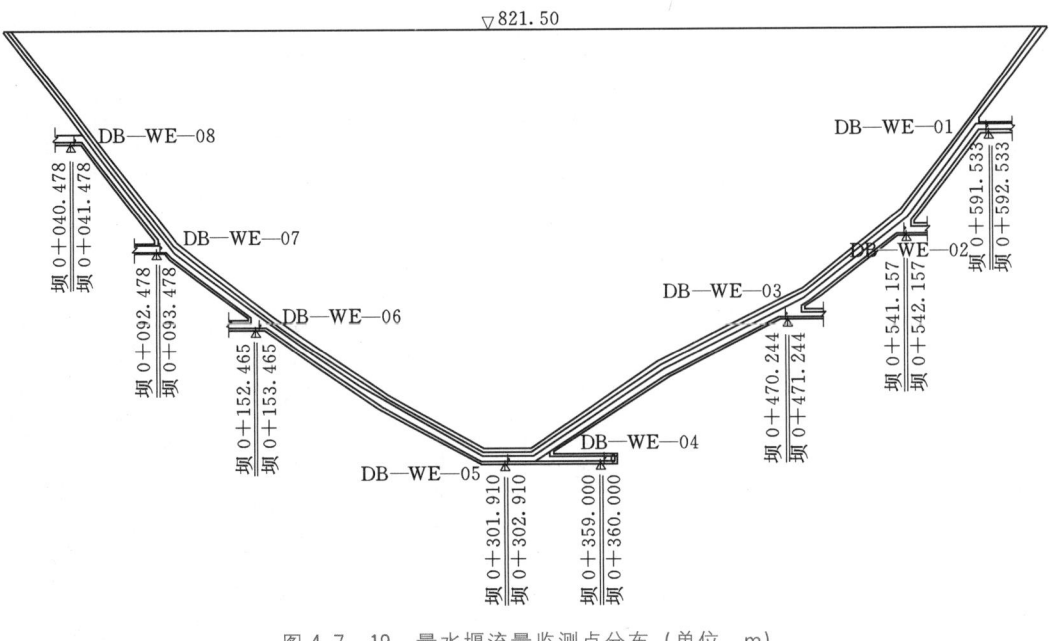

图 4.7 - 19 量水堰流量监测点分布（单位：m）

对这些选取的测点均采用变形总量和周增量的方法进行预警，相应安全指标均根据测点前期观测数据由系统自动确定。其中，对变形总量直接采用统计回归法或神经网络法的预测值；对于周增量，安全指标直接取监测结果前四周内周增量最大值，考虑到有时增量值量级较小，不具实际预警意义，还设置了相应的参考值，当增量值小于参考值时，不进行预警。每个测点的参考值可根据该测点前期监测数据给定。表 4.7 - 15 和表 4.7 - 17 分别为渗流预警类量水堰流量和渗压典型监测点及安全指标，表 4.7 - 16 和表 4.7 - 18 分别给出了相应的三级预警标准。

4. 应力预警类

选择心墙部位 10 个水平和竖直应力典型监测点，作为心墙应力安全预警的典型测点（图 4.7 - 21）。心墙应力预警主要针对心墙内部发生水力劈裂裂缝的可能性，因此采用

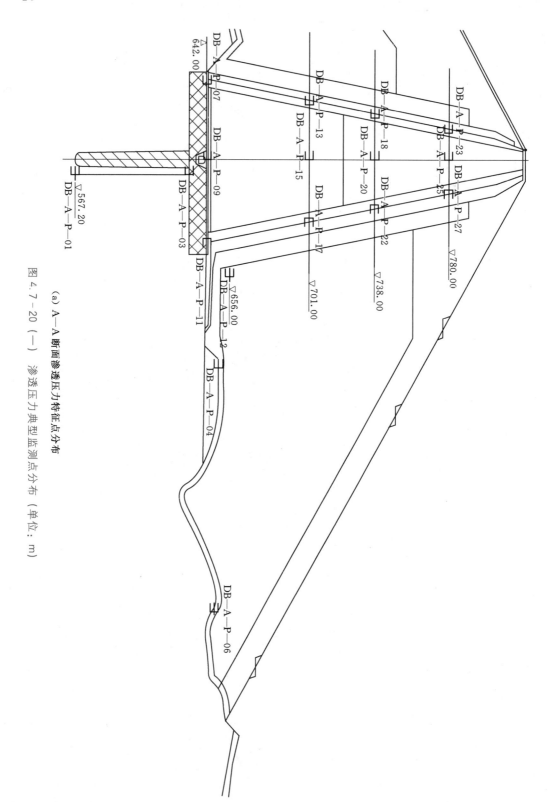

(a) A—A 断面渗透压力特征点分布

图 4.7—20 (一)　渗透压力典型监测点分布 (单位：m)

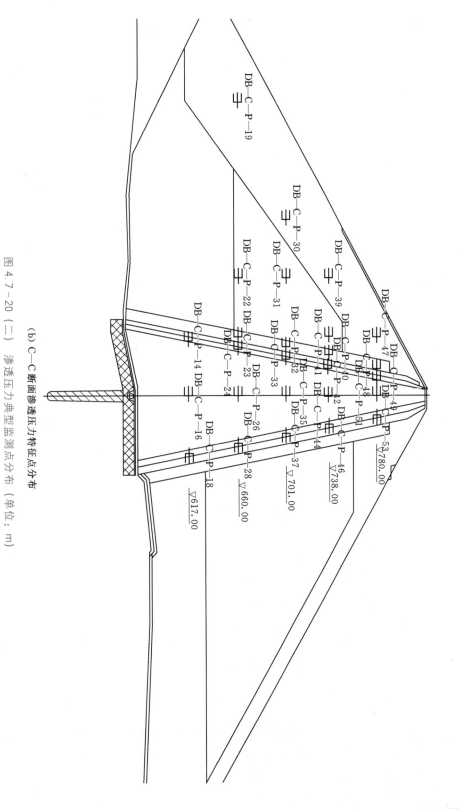

图 4.7-20（二）　渗透压力典型监测点分布（单位：m）

(b) C—C 断面渗透压力特征点分布

66

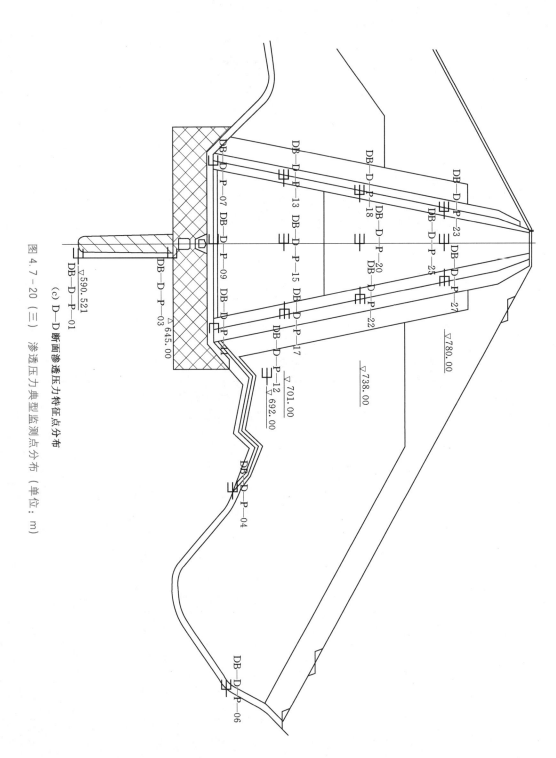

(c) D—D 断面渗透压力特征点分布

图 4.7 - 20 (三) 渗透压力典型监测点分布（单位：m）

4.7 水库坝体安全监测

表 4.7 - 15 渗流预警类量水堰流量典型监测点及安全指标

断面	高程/m	监测点号	安全 指 标	
			日渗流量	日渗流增量
坝基廊道				
右岸廊道	760.00	DB—WE—01	统计模型或神经网络模型预测值	1. 前四周内周增量最大值;
	700.00	DB—WE—02		2. 参考值: 2L/s
	650.00	DB—WE—03		
	566.00	DB—WE—04		
坝中廊道	566.00	DB—WE—05		
左岸廊道	645.00	DB—WE—06		
	690.00	DB—WE—07		
	755.00	DB—WE—08		

表 4.7 - 16 渗流预警类量水堰流量分项三级预警标准

安全指标	三级预警标准/%		
	黄	橙	红
日渗流量	＞110	＞120	＞130
日渗流增量	＞150	＞200	＞250

表 4.7 - 17 渗流预警类渗压典型监测点及安全指标

断面	工程部位	高程/m	监测点号	安全 指 标	
				总量	周增量
A—A	防渗帷幕	567.20	DB—A—P—01	统计模型或神经网络模型预测值	1. 前四周内周增量最大值;
		632.00	DB—A—P—03		2. 参考值: 3m
	接触黏土		DB—A—P—07		
			DB—A—P—09		
			DB—A—P—11		
			DB—A—P—04		
			DB—A—P—06		
	下游	656.00	DB—A—P—12		
		701.00	DB—A—P—17		
		738.00	DB—A—P—22		
		780.00	DB—A—P—27		
	心墙	701.00	DB—A—P—15		
		738.00	DB—A—P—20		
		780.00	DB—A—P—25		
	上游反滤料	701.00	DB—A—P—13		
		738.00	DB—A—P—18		
		780.00	DB—A—P—23		

续表

断面	工程部位	高程/m	监测点号	安全指标	
				总量	周增量
C—C	上游堆石料	575.00	DB—C—P—12	统计模型或神经网络模型预测值	1. 前四周内周增量最大值; 2. 参考值:3m
		660.00	DB—C—P—19		
			DB—C—P—22		
		701.00	DB—C—P—30		
			DB—C—P—31		
		738.00	DB—C—P—39		
			DB—C—P—40		
		780.00	DB—C—P—47		
	上游反滤料	617.00	DB—C—P—14		
		660.00	DB—C—P—23		
			DB—C—P—24		
		701.00	DB—C—P—32		
			DB—C—P—33		
		738.00	DB—C—P—41		
			DB—C—P—42		
		738.00	DB—C—P—48		
			DB—C—P—49		
	心墙	617.00	DB—C—P—16		
		660.00	DB—C—P—26		
		701.00	DB—C—P—35		
		738.00	DB—C—P—44		
		780.00	DB—C—P—51		
	下游反滤料	617.00	DB—C—P—18		
		660.00	DB—C—P—28		
		701.00	DB—C—P—37		
		738.00	DB—C—P—46		
		780.00	DB—C—P—53		
D—D	防渗帷幕	590.52	DB—D—P—01		
		645.00	DB—D—P—03		
	黏土垫层		DB—D—P—07		
			DB—D—P—09		
			DB—D—P—11		
			DB—D—P—04		
			DB—D—P—06		
	下游堆石料	692.00	DB—D—P—12		
	下游反滤料	701.00	DB—D—P—17		
		738.00	DB—D—P—22		
		780.00	DB—D—P—27		
	心墙	701.00	DB—D—P—15		
		738.00	DB—D—P—20		
		780.00	DB—D—P—25		
	上游反滤料	701.00	DB—D—P—13		
		738.00	DB—D—P—18		
		780.00	DB—D—P—23		

表 4.7 - 18 渗流预警类渗压典型监测点三级预警标准

安全指标	判别标准/%		
	黄	橙	红
总量	>110	>120	>130
周增量	>150	>200	>250

土压力计测值小于 100kPa 作为安全指标。表 4.7 - 19 为应力预警类土压力典型监测点及安全指标，表 4.7 - 20 为相应的三级预警标准。

表 4.7 - 19 应力预警类土压力典型监测点及安全指标

断面	工程部位	高程/m	监测点号	安全指标（总量）
C—C	心墙	572.00	DB—C—E—04	100kPa（有效应力）
		617.00	DB—C—E—11	
		701.00	DB—C—E—25	
		738.00	DB—C—E—32	
		780.00	DB—C—E—39	
A—A		646.00	DB—A—E—03	
		701.00	DB—A—E—08	
		738.00	DB—A—E—13	
		780.00	DB—A—E—18	
D—D		668.00	DB—D—E—04	
		701.00	DB—D—E—11	
		738.00	DB—D—E—18	
		780.00	DB—D—E—25	

表 4.7 - 20 土压力典型监测点安全三级预警标准

安全指标	判别标准/%		
	黄	橙	红
总量	<100	<80	<50

5. 裂缝预警类

裂缝分项预警目前主要针对混凝土垫层裂缝。已安装的仪器仅有混凝土测缝计，选取了安装在 A—A、C—C、D—D 和 E—E 断面的混凝土测缝计共计 16 个（图 4.7 - 22）。

对这些选取的测点均采用总量和周增量的方法进行预警，相应安全指标均根据测点前期观测数据由系统自动确定。其中，对变形总量直接采用统计回归法或神经网络法的预测值；对于周增量，安全指标直接取监测结果前四周内周增量最大值，考虑到有时增量值量级较小，不具实际预警意义，还设置了相应的参考值，当增量值小于参考值时，不进行预警。每个测点的参考值可根据该测点前期监测数据给定。表 4.7 - 21 为裂缝预警类混凝土裂缝开合度监测点及安全指标，表 4.7 - 22 为相应的三级预警标准。

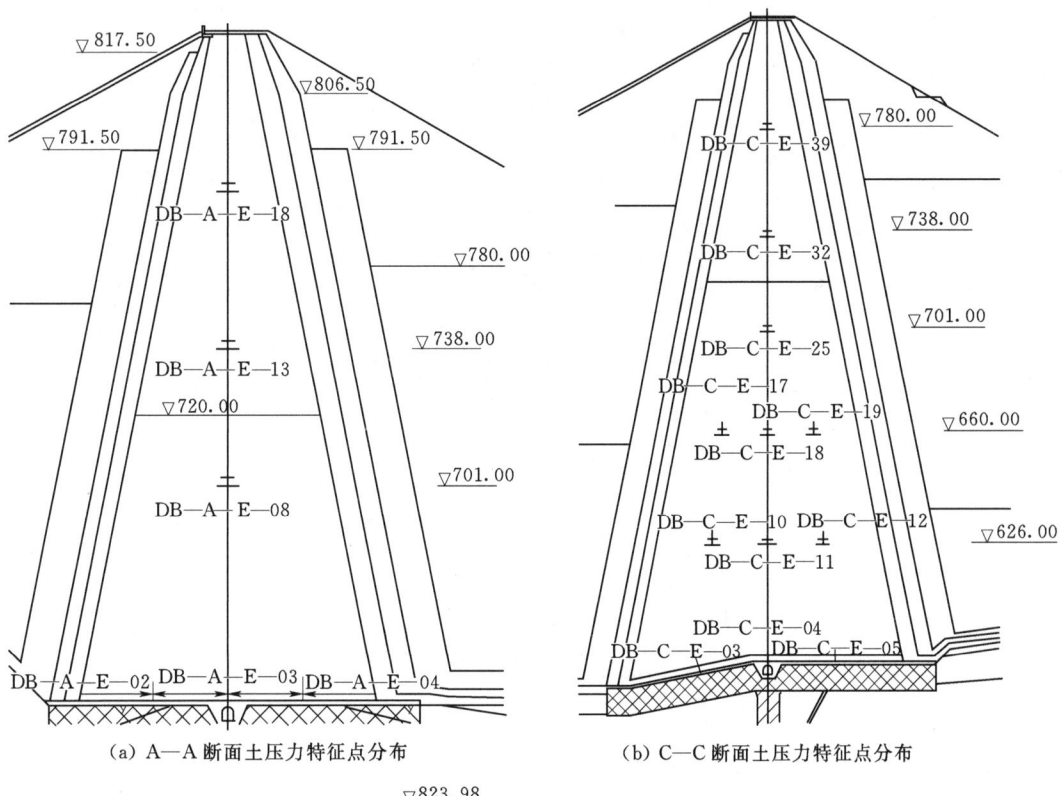

(a) A—A断面土压力特征点分布   (b) C—C断面土压力特征点分布

(c) D—D断面土压力特征点分布

图4.7-21   土压力典型监测点分布（单位：m）

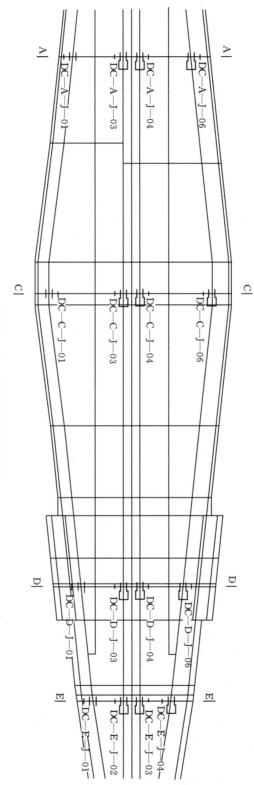

图 4.7-22 裂缝典型监测点分布

表 4.7 - 21　　　　　　　裂缝预警类混凝土裂缝开合度监测点及安全指标

断面	裂缝特征	高程/m	监测点号	安全指标	
				总量	周增量
A—A		642.98	DC—A—J—01		
			DC—A—J—03		
			DC—A—J—04		
			DC—A—J—06		
C—C		571.20	DC—C—J—01		
			DC—C—J—03		
			DC—C—J—04		
	混凝土测缝计		DC—C—J—06	统计模型或神经网络模型预测值	1. 前四周内周增量最大值; 2. 参考值：1mm
D—D		666.80	DC—D—J—01		
			DC—D—J—03		
			DC—D—J—04		
			DC—D—J—06		
E—E		714.87	DC—D—J—01		
			DC—D—J—02		
			DC—D—J—03		
			DC—D—J—04		

表 4.7 - 22　　　　　　裂缝预警类混凝土裂缝开合度监测点三级预警标准

安全指标	判别标准/%		
	黄	橙	红
总量	>110	>120	>130
周增量	>150	>200	>250

4.7.8.3　安全预警与应急预案管理

1. 模块结构

在糯扎渡水电站大坝工程安全评价与预警信息管理系统中，设计开发安全预警与应急预案模块时，采用了实用而又直观的综合方法，包括安全预警项目、安全指标体系、应急预案管理和安全预警信息四个部分。在进行系统设计时同时考虑了安全预警项目的完备性、安全指标体系的综合性、应急预案管理的灵活性和安全预警信息的实时性（图 4.7 - 23），安全预警项目包括三类，即整体项目、分项项目和个性定制项目。

整体项目是指从坝前蓄水位、渗透稳定、整体变形、坝坡稳定等宏观方面评价大坝安全的项目。此外，大坝裂缝在已见高土石坝中普遍存在，且是广受关注的可能造成安全隐患的诱因，因而在系统中也被列为一个整体安全预警项目。

分项项目与典型监测点对应，包括水平位移、沉降、渗流量、孔压、土压和裂缝等几个方面。

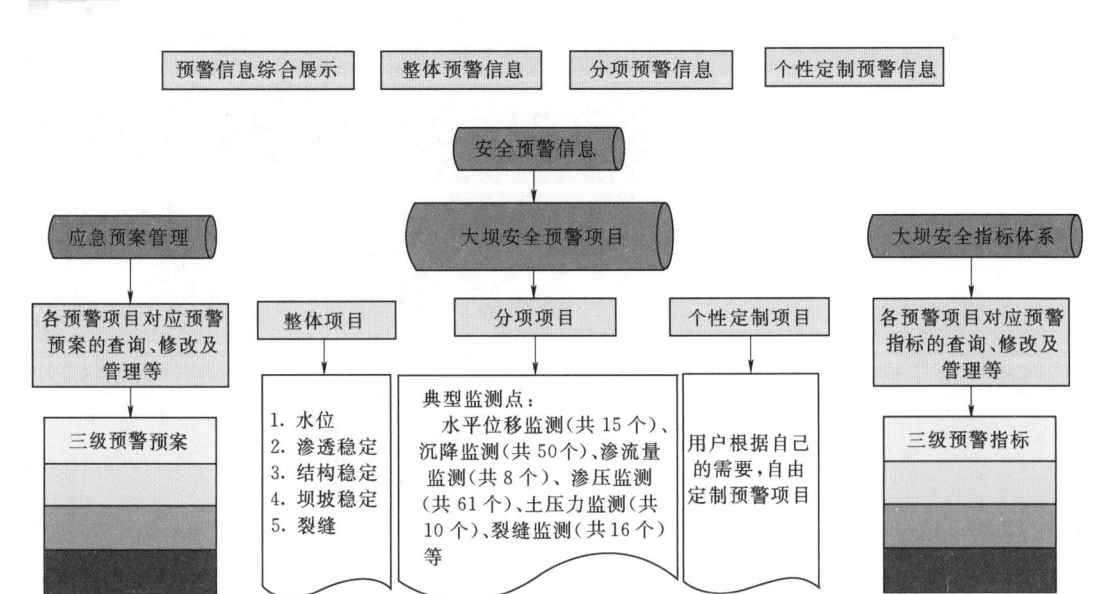

图 4.7-23　安全预警与应急预案模块整体结构图

个性定制项目是指用户根据自己的需要自由设定的安全预警项目。

对每个项目的管理均包括项目的添加、对应监测项目和测点的选取、判别基准值和安全指标的设定、应急预案的建议等，主要包括以下概念：

（1）预警类。为了方便管理，首先将所有的预警项目划分为不同的预警类，每个预警类对应大坝安全的一个方面。目前系统中已经定义了坝前蓄水位、渗透稳定、坝体变形、坝体裂缝和坝坡稳定 5 个类，需要时也可添加新的预警类。

（2）预警项。预警项针对某个具体的预警功能进行定义，多个预警项的组合可实现对大坝某个方面的安全特性进行预警（构成预警类）。预警状态和应急预案等也均对应一个预警项进行定义。在每个预警类下，可包含多个相关的预警项。例如，对于预警类"坝体变形"，系统中定义了坝体最大沉降、坝顶最大沉降和坝体最大顺河向水平位移 3 个预警项。需要时可在每个预警类中添加新的预警项。

（3）预警元。预警元是安全预警与应急预案模块的基本构成单元。每个预警元都包含有选定的预警元测点和安全指标。将测点的测值和所定义的安全指标进行逻辑比较可得到相应预警元的判别结果。再将一个预警项下所有预警元的判别结果进行逻辑运算后即可得到该预警项的预警状态。由此可见，每个预警元对应一个单个的逻辑比较。

（4）预警元测点。预警元所对应的测点。在所开发的安全预警与应急预案模块中，预警元测点可以定义为单个测点、测点对（2 个测点，取其测值差）和测点群（多个测点，取其最大或最小值）。

（5）预警元安全指标。为预警元进行逻辑比较时所采用的安全指标。显然，所有预警元安全指标的集合即为大坝的安全指标体系。在所开发的安全预警与应急预案模块中，预警元安全指标主要有恒定值、时间包络线、水位包络线、特定时间段增量等形式，需综合考虑监测结果、预测值、工程案例和专家经验以及已有研究成果等因素进行取值，并考虑

施工期、蓄水期和运行期等不同时期。

（6）三级预警和应急预案。预警状态和应急预案对应一个预警项进行定义。对每一个安全预警项进行红、橙、黄三级预警。黄色为提醒级，表示大坝性态指标轻微改变；橙色为预警级，表示大坝性态指标中度改变；红色为警报级，表示大坝性态指标严重改变。

2. 安全项目和安全指标设定的系统实现

系统中用户可以添加或修改安全预警项目及其对应的安全指标和应急预案。安全预警项目分为整体项目、分项项目和个性定制项目。相应地，安全指标和应急预案也分为整体、分项和个性定制三个类别。

3. 应急预案

根据上述各预警等级含义及信息发布方式，为了保证大坝的正常安全运营，系统在设计过程中，针对不同评判指标的每一预警等级，设计了相应的应急预案措施。表 4.7 - 23 为大坝整体渗流不同预警级别下的应急预案。

表 4.7 - 23   大坝整体渗流不同预警级别下的应急预案

警级	黄色	橙色	红色
应急预案	（1）信息发布给Ⅰ类级别人员； （2）现场管理人员核查监测信息的可靠性，并进行现场勘察，检查监测设备是否异常、渗水的浑浊程度等； （3）现场管理人员分析降雨等环境因素； （4）现场管理人员综合分析水位和渗压等其他监测数据； （5）适当增加监测频率和巡视次数，关注发展趋势	（1）信息发布给Ⅱ类级别人员； （2）现场管理人员核查监测信息的可靠性，并进行现场勘察，检查监测设备是否异常、渗水的浑浊程度等； （3）现场管理人员分析降雨等环境因素； （4）现场管理人员综合分析水位和渗压等其他监测数据； （5）适当增加监测频率和巡视次数，关注发展趋势； （6）组织管理、设计、科研等相关专家进行会商，分析异常原因，并采取相应对策	（1）信息发布给Ⅲ类级别人员； （2）现场管理人员核查监测信息的可靠性，并进行现场勘察，检查监测设备是否异常、渗水的浑浊程度等； （3）现场管理人员分析降雨等环境因素； （4）现场管理人员综合分析水位和渗压等其他监测数据； （5）适当增加监测频率和巡视次数，关注发展趋势； （6）组织管理、设计、科研等相关专家进行会商，分析异常原因，并采取相应对策； （7）必要时适时采取降低库水位等措施，彻查异常原因，并采取有效措施

4.8 大坝反演分析及安全评价

根据大坝安全监测成果，利用系统的反演分析模块对坝料模型参数进行反演分析，并根据反演分析结果，利用系统的数值计算模块对坝体的应力、变形、渗流进行数值计算。通过系统综合分析，可以得出如下结论：糯扎渡高心墙堆石坝在施工、蓄水和运行的各个阶段，在坝体变形和应力以及应力水平、心墙孔隙水压力和渗流等方面均满足坝体安全性的要求。

4.8.1 变形反演分析

4.8.1.1 计算概况

在训练、优化神经网络的过程中，需要通过有限元计算得到训练样本。本书采用的计算程序为清华大学水利系岩土所开发的 PERD 程序。根据大坝断面资料、坝体材料分区及填筑进度构建大坝三维仿真模型，大坝三维计算网络如图 4.8-1 所示。图 4.8-2 为坝体最大横断面网格图。三维网格共有 23713 个节点和 23283 个单元，三维模型中坝体施工过程模拟采用实际的填筑过程。

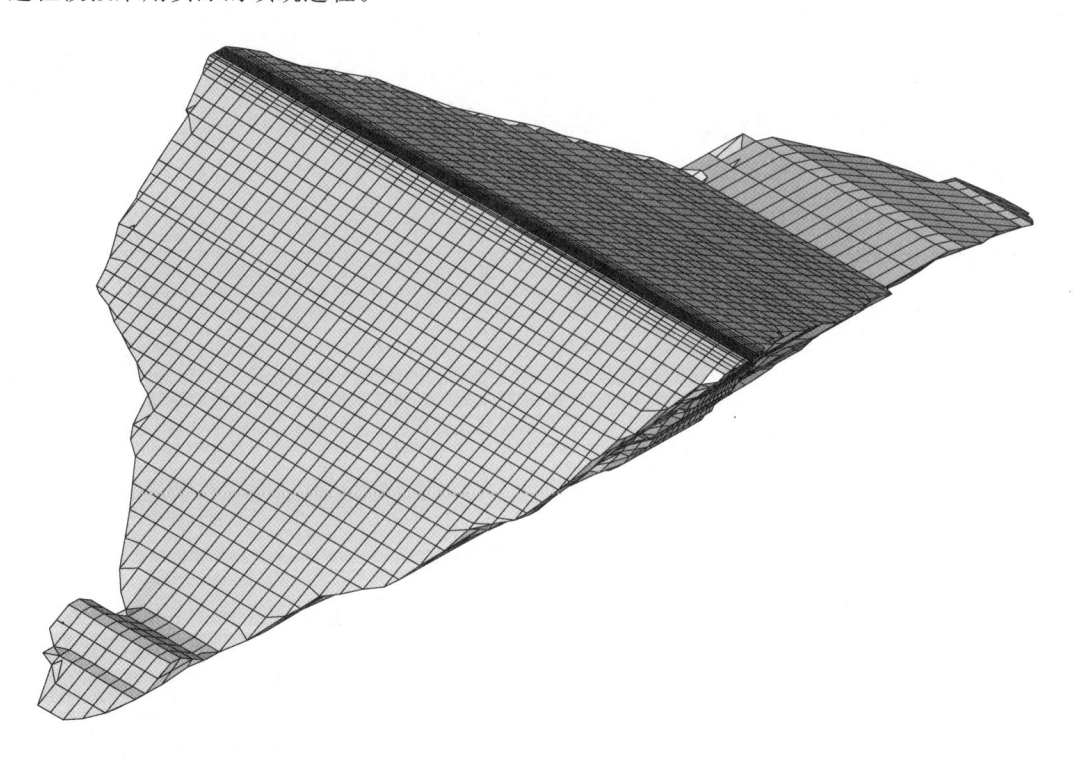

图 4.8-1 大坝三维计算网格图

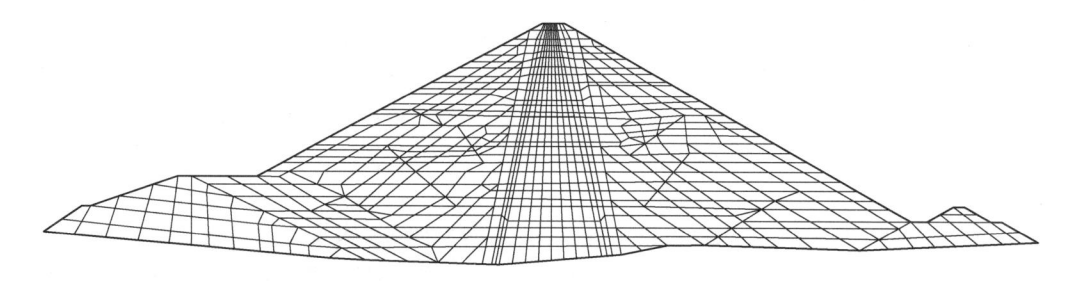

图 4.8-2 坝体最大横断面网格图

在计算中，还需考虑坝前蓄水的影响，具体的水库蓄水过程见表 4.8-1。

表 4.8-1　　　　　　　　　　　　水 库 蓄 水 过 程

时　　间		水库蓄水位/m
2010 年	9 月前	575.00
	11 月 18 日	600.00
2011 年	1 月 30 日	610.00
	2 月 28 日	612.00
	4 月 3 日	613.00
	5 月 22 日	614.00
	8 月 6 日	613.00
	11 月 12 日	613.00
	12 月 15 日	666.00
2012 年	1 月 16 日	666.00
	2 月 27 日	685.00
	3 月 30 日	698.00
	4 月 24 日	708.00
	5 月 14 日	714.00
	6 月 22 日	738.00
	7 月 22 日	761.00
	9 月 13 日	767.00
	11 月 10 日	767.00
	12 月 18 日	774.00

4.8.1.2　参数反演

1. 堆石料 I 邓肯-张 EB 模型和流变参数反演分析

为分析反演结果的准确性，将目标测点的实测位移增量与基于表 4.8-2 两组参数的计算位移增量进行对比（见表 4.8-3）。反演参数计算值与实测值均相差不大，而可研参数计算值整体上与实测值相差较大。反演得到的 K 和 K_b 比可研参数稍大，也即对于由填筑坝料自重荷载引起的变形，反演参数计算值稍小于可研参数计算值。对流变参数的反演，采用沈珠江 7 参数流变模型。反映应变率的参数 α 作为一个独立参数，反映体变的参数 b 和 β 按同一比例缩放，反映剪应变的参数 d 作为一个独立参数，则每种坝料有三个参数有待反演。反演得到的 α 值小于试验值，由反演参数计算的流变变形的变化率小于试验参数计算值。反演得到的 d 值比试验值小约 25%，但 b 和 β 比试验值大 61%，则由反演参数计算得到的流变变形稍大于由试验参数计算得到的流变变形。综合考虑上述各个因素，由反演参数组合计算得到的变形值大于由可研（试验）参数计算得到的变形值。

表 4.8-2　　　　　　　　　　粗堆石料 I 模型参数反演结果

参数	K	K_b	α	λ	d
可研（试验）参数	1425	540	0.00600	1.00	0.00423
反演参数	1486	665	0.00314	1.61	0.00311

表 4.8-3   粗堆石料 I 测点实测位移增量与计算位移增量对比

测点编号	DB—C—H—05	DB—C—V—04	DB—C—V—06
实测值/mm	198.9	217.0	65.9
反演参数计算值/mm	202.6	226.1	70.2
可研参数计算值/mm	168.6	192.8	50.4

2. 堆石料 II 邓肯-张 EB 模型和流变参数反演分析

表 4.8-5 为实测值与基于表 4.8-4 两组参数的计算值的对比。可知，反演参数计算结果与实测值比较接近，而可研参数计算结果则偏小。反演得到的 K 和 K_b 比可研参数大约 15%，也即对于由填筑坝料自重荷载引起的变形，反演参数计算值小于可研参数计算值。反演得到的 α 值小于试验值，由反演参数计算的流变变形的变化率小于试验参数计算值。反演得到的 d 值比试验值大约 34%，b 和 β 比试验值大 117%，则由反演参数计算得到的流变变形明显大于由试验参数计算得到的流变变形。综合考虑上述各个因素，由反演参数组合计算得到的变形值大于由可研（试验）参数计算得到的变形值。

表 4.8-4   粗堆石料 II 模型参数反演结果

参数	K	K_b	α	λ	d
可研（试验）参数	1400	620	0.00600	1.00	0.00612
反演参数	1643	717	0.00300	2.17	0.00821

表 4.8-5   粗堆石料 II 测点实测沉降增量与计算沉降增量对比

测点编号	DB—C—VW—02	DB—C—VW—03	DB—C—VW—04	DB—C—V—12	DB—C—V—15
实测值/mm	739.1	390.0	206.2	392.2	501.0
反演参数计算值/mm	698	399	241	454	429
可研参数计算值/mm	635.2	335.2	177.9	410.4	325.5

3. 心墙掺砾料邓肯-张 EB 模型和流变参数反演分析

表 4.8-7 为实测值与基于表 4.8-6 两组参数的计算值的对比。可看到对于大多数测点反演参数计算值与实测数据符合得较好，而可研参数计算值则与实测值相差较大。反演得到的 K 和 K_b 比可研参数大 40%～50%，也即对于由填筑坝料自重荷载引起的变形，反演参数计算值明显小于可研参数计算值。反演得到的 α 值稍大于试验值，由反演参数计算的流变变形的变化率稍大于试验参数计算值。反演得到的 d 值比试验值大约 38%，但 b 和 β 比试验值小 12%，则由反演参数计算得到的流变变形稍大于由试验参数计算得到的流变变形。综合考虑上述各个因素，由反演参数组合计算得到的变形值小于由可研（试验）参数计算得到的变形值。

表 4.8-6   心墙掺砾料模型参数反演结果

参数	K	K_b	α	λ	d
可研（试验）参数	320	210	0.00300	1.00	0.00717
反演参数	446.9	315.3	0.00361	0.879	0.00989

表 4.8-7　　　　　　心墙掺砾料测点实测沉降增量与计算沉降增量对比

测点编号	C—27	C—29	C—31	C—35	C—39	C—43	C—47
实测值/mm	529.2	589.2	664.2	794.2	961.2	1118.2	1385.2
反演参数计算值/mm	581.1	635.6	697.3	811.3	954.1	1088.1	1213.4
可研参数计算值/mm	697.1	760.5	830.2	958.2	1119.6	1235.4	1411.8

4. 堆石料Ⅰ和堆石料Ⅱ湿化变形参数反演分析

表 4.8-9 为实测值与基于表 4.8-8 两组参数的计算值的对比。可看到对于大多数测点反演参数计算值与实测数据符合得很好，而试验参数计算值则普遍偏小。得到上述结果的原因是反演得到的 a 和 b 值比试验值小，使得反演参数计算的体应变较大；反演得到的 c 值比试验值大，使得反演参数计算的剪应变较大。

表 4.8-8　　　　　　　　　湿化模型参数反演结果

参数	堆石料Ⅰ			堆石料Ⅱ		
	a	b	c	a	b	c
试验参数	2.820	1.730	0.362	2.980	1.780	0.356
反演参数	1.417	0.869	0.904	1.493	0.892	0.890

表 4.8-9　　　　　　测点实测位移增量与计算位移增量对比

测点编号	DB—C—VW—10	DB—C—VW—11	DB—C—VW—12
实测值/mm	1421.1	1370.0	850.0
反演参数计算值/mm	1374.0	1274.7	845.8
试验参数计算值/mm	1272.6	1145.6	663.2

4.8.1.3　反演参数计算结果与实测结果对比分析

1. 水管式沉降仪测点监测值与计算值对比

从图 4.8-3 中可以看出，各测点沉降的计算值与实测值的时程曲线发展趋势总体一致。这说明，反演参数可较好地反映下游堆石体的变形特性。

2. 引张线式水平位移计测点监测值与计算值对比

图 4.8-4 为引张线式水平位移计典型测点顺河向位移计算值与监测值的时程曲线对比图。可知，各测点的监测值与根据反演参数得到的计算值总体符合较好。

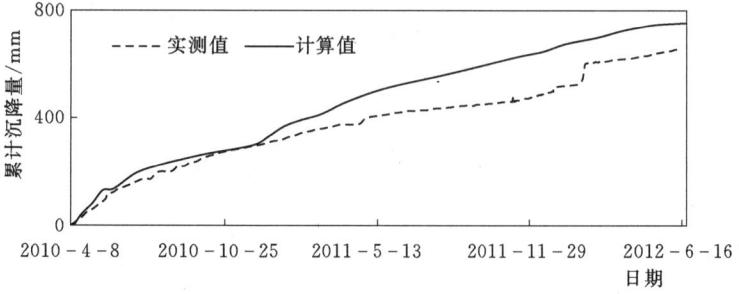

(a) 测点 DB—C—V—03

图 4.8-3 （一）　下游水管式沉降仪测点沉降时程曲线对比图

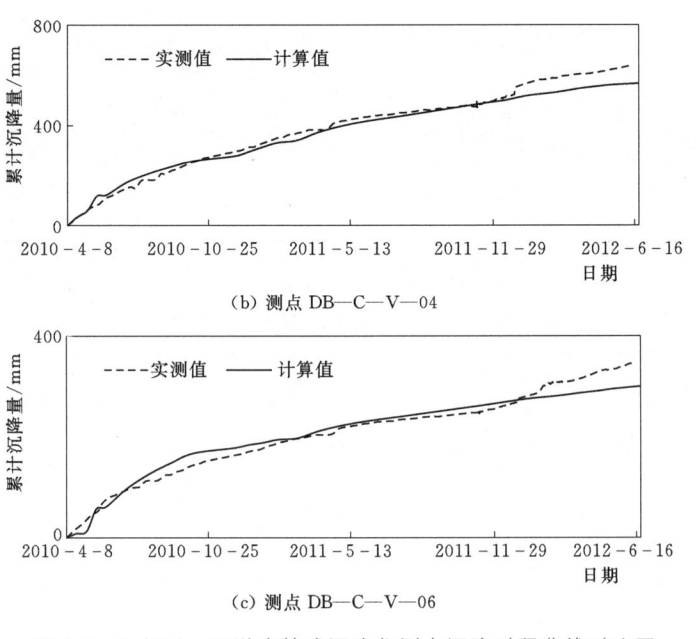

（b）测点 DB—C—V—04

（c）测点 DB—C—V—06

图 4.8 - 3（二） 下游水管式沉降仪测点沉降时程曲线对比图

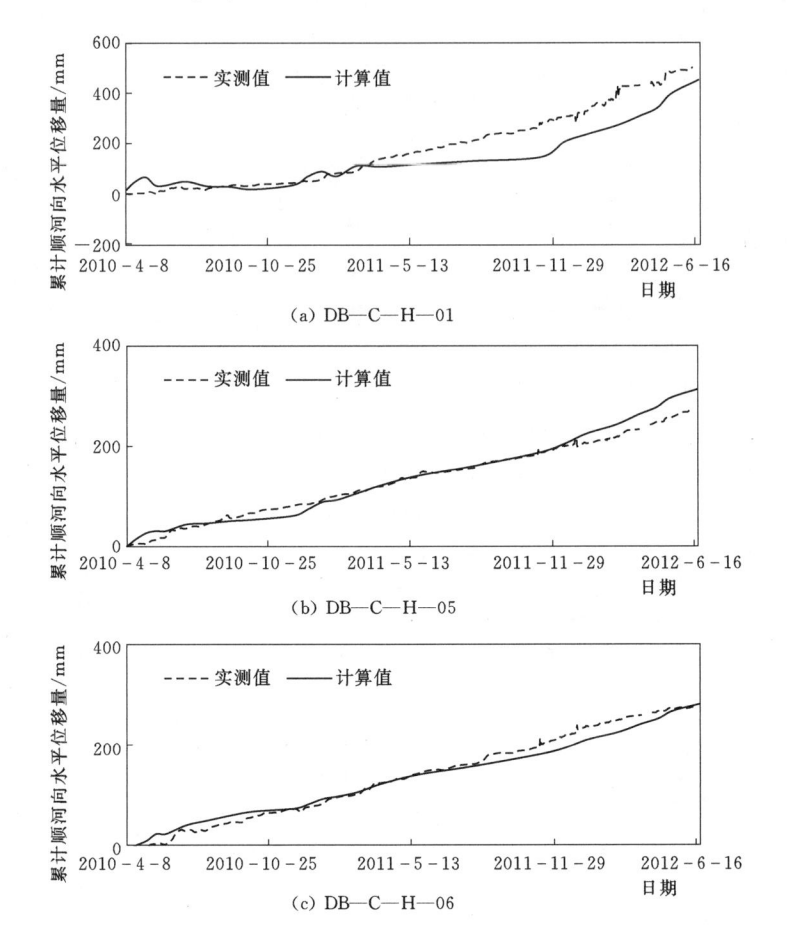

（a）DB—C—H—01

（b）DB—C—H—05

（c）DB—C—H—06

图 4.8 - 4 引张线式水平位移计监测值与计算值时程对比图

3. 电磁沉降环测点监测值与计算值对比

图 4.8－5 为心墙电磁沉降环测点沉降时程曲线对比图。从图 4.8－5 中可以看出，各测点计算值与实测值的时程曲线总体符合较好。

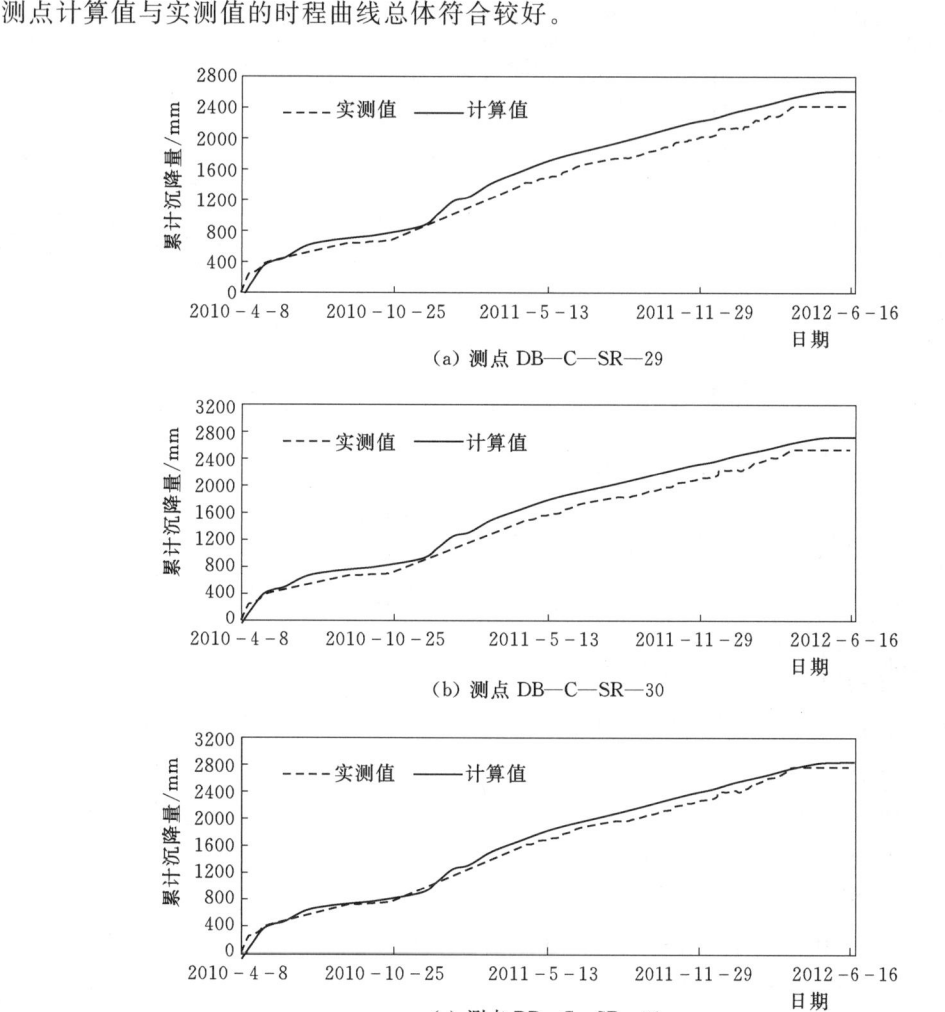

图 4.8－5　心墙电磁沉降环测点沉降时程曲线对比图

图 4.8－6 为 C—C 断面心墙电磁沉降环沉降增量分布对比图。心墙电磁沉降环沉降增量的实测值与计算值符合较好，分布规律也一致。最大值也基本相同，出现的位置有所区别。总体上，坝体内部沉降和水平位移增量的实测值与计算值符合较好，反演结果可靠。

4. 大坝表面视准线监测值与计算值对比

图 4.8－7 为大坝视准线监测值与计算值时程对比图。从图 4.8－7 中可以看出，实测值与计算值的各个方向位移的发展趋势基本一致。其中，顺河向水平位移和竖直向位移的计算值与实测值具有一定的偏差，计算值均小于实测值。横河向位移监测值波动性较大，但与横河向位移计算值较为接近。

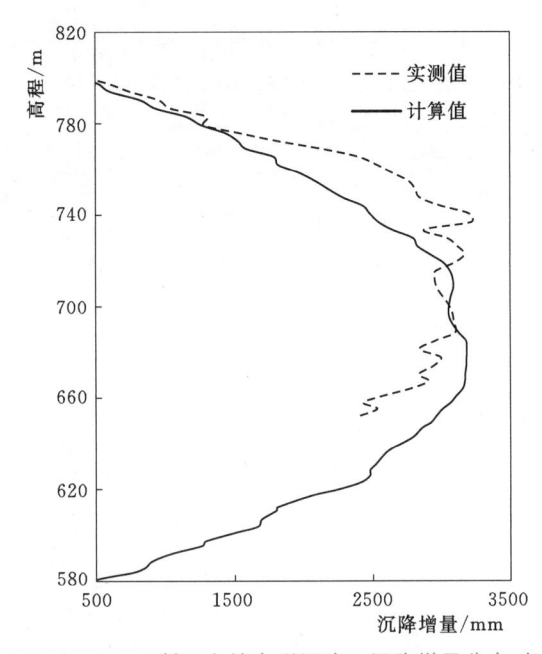

图 4.8-6 C—C 断面心墙电磁沉降环沉降增量分布对比图

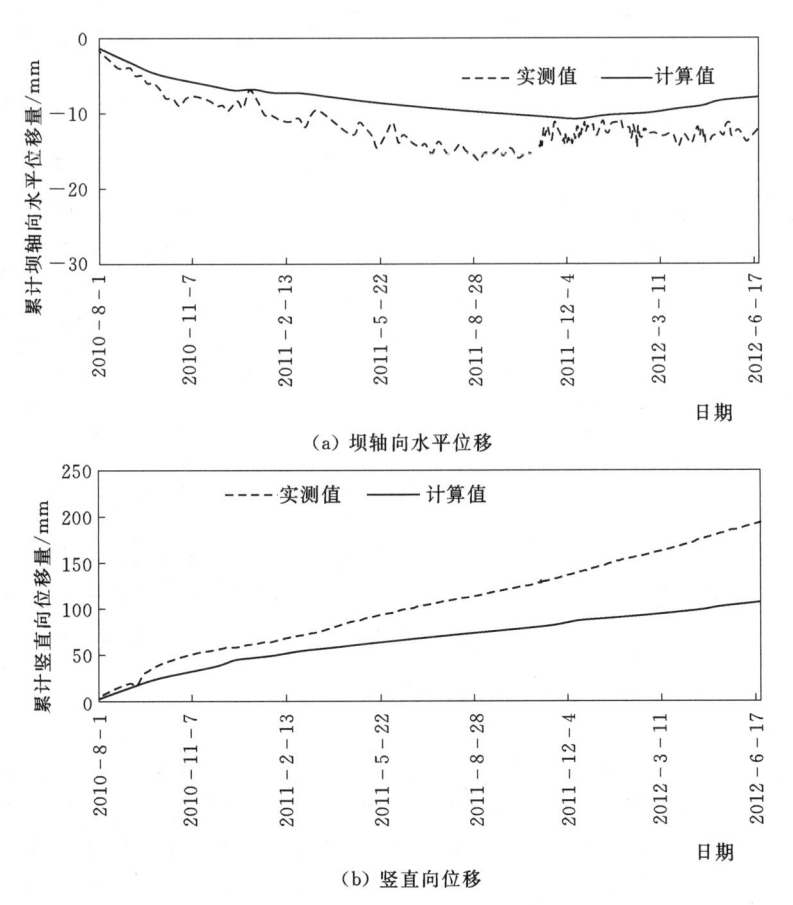

（a）坝轴向水平位移

（b）竖直向位移

图 4.8-7 大坝视准线监测值与计算值时程对比图（DB—L2—TP—05）

4.8.2 心墙掺砾料渗透系数反演

4.8.2.1 高程626.00m心墙掺砾料渗透系数反演分析

表4.8-11给出了实测值与基于表4.8-10两组参数的计算值的对比。可知，反演参数计算结果与实测值比较接近，而表测参数计算结果则偏小。

表4.8-10 高程626.00m心墙掺砾料渗透系数反演结果

渗透系数	$K/(m/s)$	渗透系数	$K/(m/s)$
表测渗透系数	5.0×10^{-8}	反演渗透系数	7.1×10^{-10}

表4.8-11 高程626.00m心墙掺砾料监测总水头与计算总水头对比

测点编号	DB—C—P—15	DB—C—P—16	DB—C—P—17
实测值/m	813.84	795.71	805.18
反演参数计算值/m	785.25	835.78	794.56
表测参数计算值/m	655.49	653.24	643.68

4.8.2.2 高程660.00m心墙掺砾料渗透系数反演分析

表4.8-13给出了实测值与基于表4.8-12两组参数的计算值的对比。可知，反演参数计算结果与实测值比较接近，而表测参数计算结果则偏小。

表4.8-12 高程660.00m心墙掺砾料渗透系数反演结果

渗透系数	$K/(m/s)$	渗透系数	$K/(m/s)$
表测渗透系数	5.0×10^{-8}	反演渗透系数	2.9×10^{-9}

表4.8-13 高程660.00m心墙掺砾料监测总水头与计算总水头对比

测点编号	DB—C—P—25	DB—C—P—26	DB—C—P—27
实测值/m	727.41	735.06	727.78
反演参数计算值/m	724.38	745.89	725.33
表测参数计算值/m	670.24	671.81	667.97

4.8.2.3 高程701.00m心墙掺砾料渗透系数反演分析

表4.8-15给出了实测值与基于表4.8-14两组参数的计算值的对比。可知，反演参数计算结果与实测值比较接近，而表测参数计算结果则偏小。

表4.8-14 高程701.00m心墙掺砾料渗透系数反演结果

渗透系数	$K/(m/s)$	渗透系数	$K/(m/s)$
表测渗透系数	5.0×10^{-8}	反演渗透系数	2.9×10^{-9}

表4.8-15 高程701.00m心墙掺砾料监测总水头与计算总水头对比

测点编号	DB—C—P—34	DB—C—P—35	DB—C—P—36
实测值/m	753.15	748.28	747.27
反演参数计算值/m	744.88	757.55	744.92
表测参数计算值/m	705.36	707.06	705.16

4.8.2.4 反演参数计算结果与实测结果对比分析

图 4.8-8～图 4.8-12 为心墙各高程渗压计测点监测值与根据反演参数得到的计算值的对比图。从图上可以看出,各高程计算值与监测值符合较好,说明反演分析结果是可靠的。

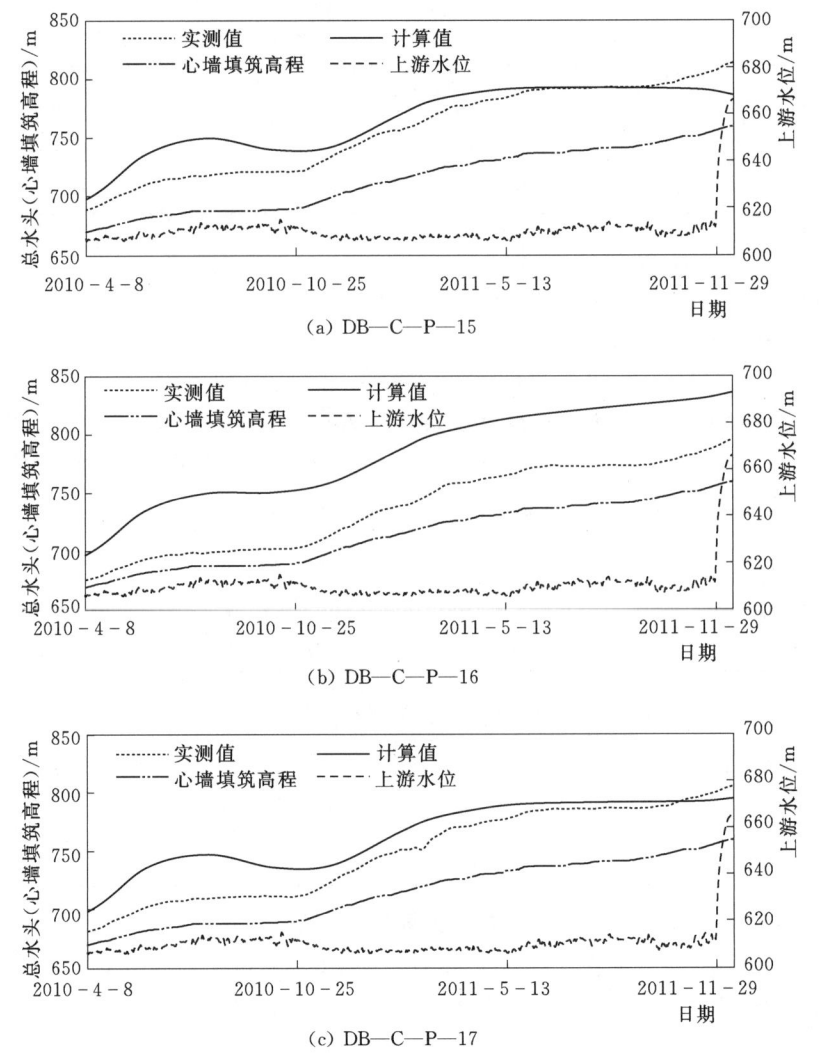

(a) DB—C—P—15

(b) DB—C—P—16

(c) DB—C—P—17

图 4.8-8　高程 626.00m 渗压计监测值与计算值时程对比图

4.8.3　高心墙堆石坝应力变形分析

基于反演参数的坝体应力变形分析,本节选取反演参数的计算结果,对四个典型工况下的坝体应力变形分布进行了分析,并与施工详图阶段参数的计算结果进行对比。

4.8.3.1　坝体下闸蓄水前应力变形分析

图 4.8-13～图 4.8-16 为下闸蓄水前坝体最大横断面和最大纵断面的变形与应力分

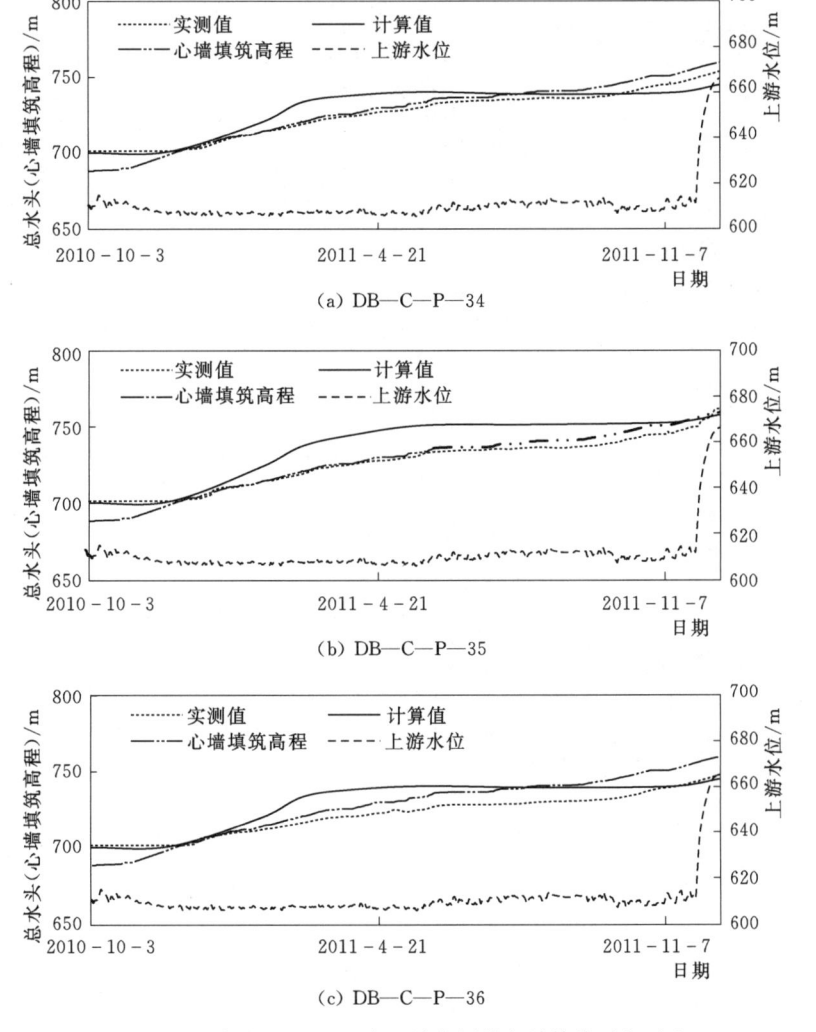

(a) DB—C—P—34

(b) DB—C—P—35

(c) DB—C—P—36

图 4.8-9 高程 701.00m 渗压计监测值与计算值时程对比图

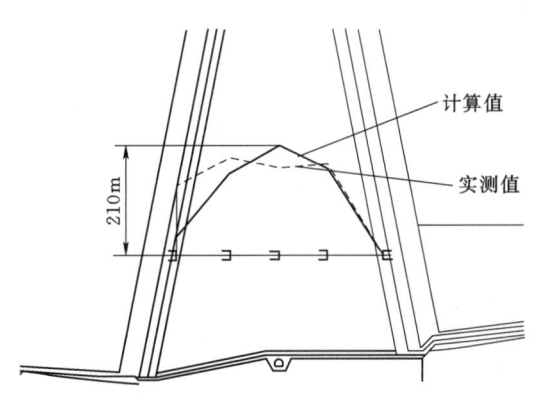

图 4.8-10 高程 626.00m 渗压计监测值
与计算值分布对比图

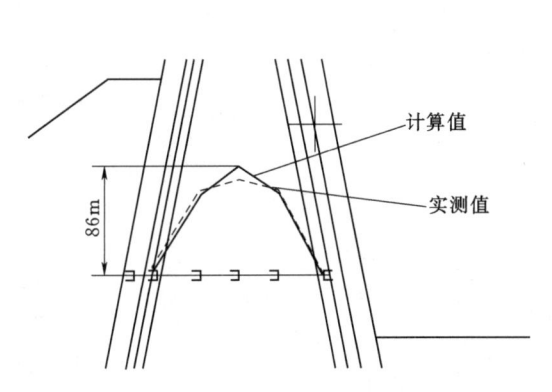

图 4.8-11 高程 660.00m 渗压计监测值
与计算值分布对比图

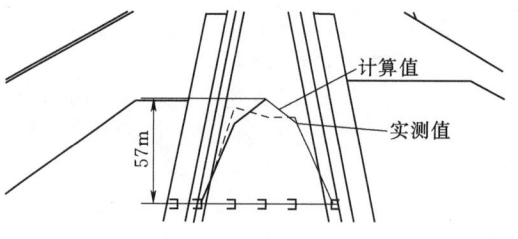

图 4.8 - 12 高程 701.00m 渗压计监测值与计算值分布对比图

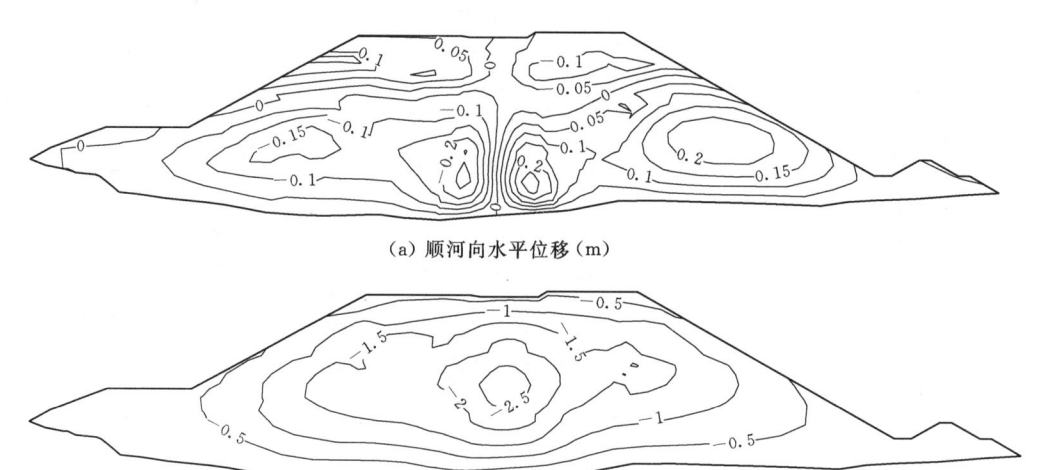

（a）顺河向水平位移（m）

（b）竖直沉降（m）

图 4.8 - 13 工况 B - 01 变形计算结果（最大横断面）

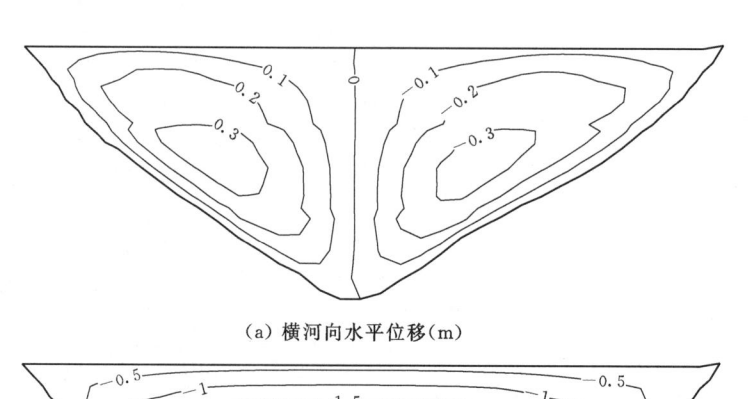

（a）横河向水平位移（m）

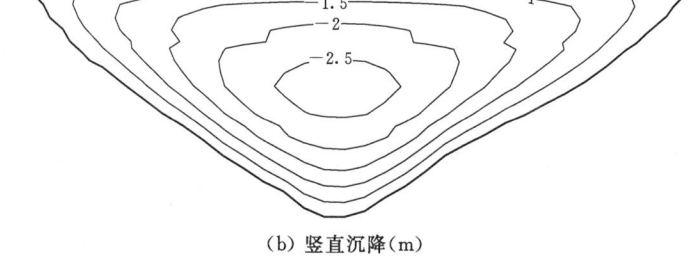

（b）竖直沉降（m）

图 4.8 - 14 工况 B - 01 变形计算结果（最大纵断面）

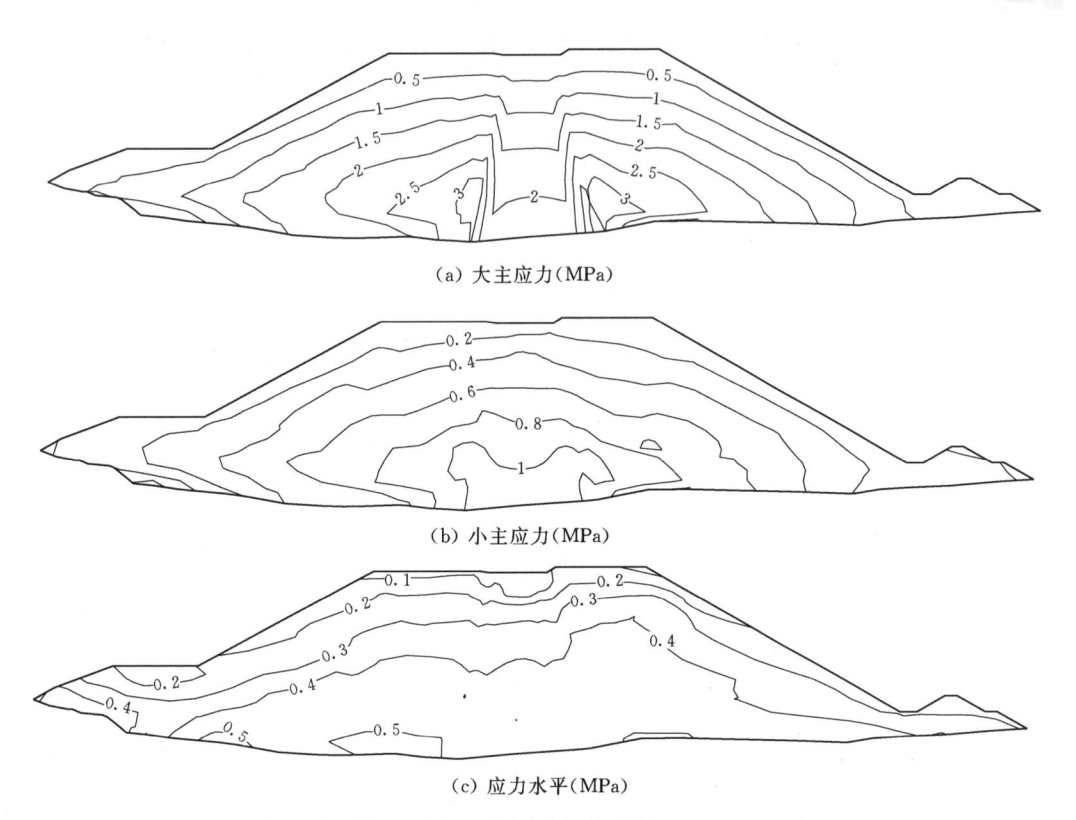

(a) 大主应力（MPa）

(b) 小主应力（MPa）

(c) 应力水平（MPa）

图 4.8－15 工况 B－01 应力计算结果（最大横断面）

布情况。可知，其变形规律与可研参数计算结果一致，均符合心墙堆石坝变形的一般规律。顺河向水平位移最大值为 28.6cm，发生在 0＋309.6 断面心墙中下部靠近下游高程 604.00m 附近，指向下游。横河向水平位移最大值为 36.0cm，发生在 0＋185 断面高程 682.00m 附近。沉降最大值为 272.0cm，占最大坝高的 1.04％，发生在 0＋309.6 断面心墙区高程 664.00m 附近。

与施工详图阶段参数的计算结果相比，反演参数计算所得顺河向水平位移和沉降均有所减小。两套参数计算所得的应力和应力水平在数值和分布上相差不大。

4.8.3.2 坝体引水发电时应力变形分析

图 4.8－17～图 4.8－18 为引水发电时坝体最大横断面和最大纵断面的变形分布情况。由于上游蓄水的影响，大坝顺河向水平位移向下游发展，水平位移最大值为 68.7cm，发生在 0＋309.6 断面心墙下部高程 634.00m 附近，指向下游。横河向水平位移基本呈对称分布，最大值为 46.6cm，发生在 0＋185 断面高程 691.00m 附近。沉降最大值为 315.9cm，占最大坝高的 1.21％，发生在 0＋309.6 断面心墙区高程 682.00m 附近。与施工详图阶段参数的计算结果相比，坝轴向位移和沉降有所减小；顺河向位移有所增大。

图 4.8－19～图 4.8－20 为引水发电时坝体最大横断面和最大纵断面的应力分布情况。由于坝前蓄水的影响，上游堆石区及心墙上游侧的小主应力明显低于下游，且该区域的应力水平较高，最大值达到 0.7 以上。此外，在心墙中部较大的区域以及两岸坝肩处，应力水平的计算值也较高，达到了 0.6 左右。两套参数计算所得的应力和应力水平在分布上相近。

119

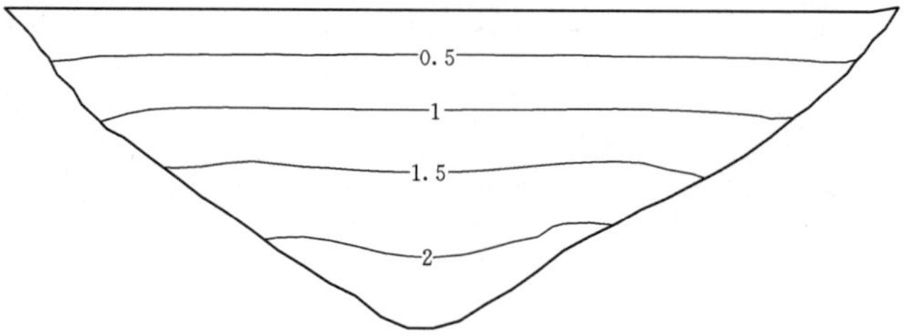

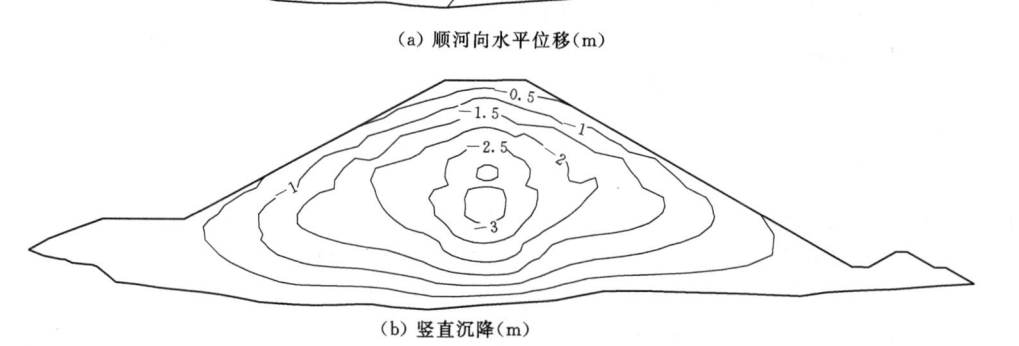

（a）大主应力（MPa）

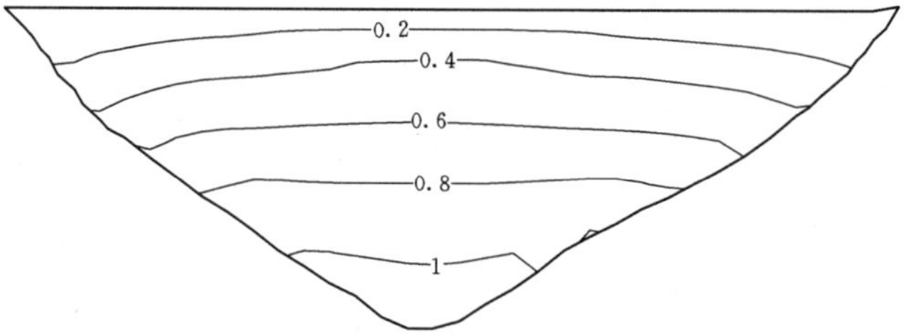

（b）小主应力（MPa）

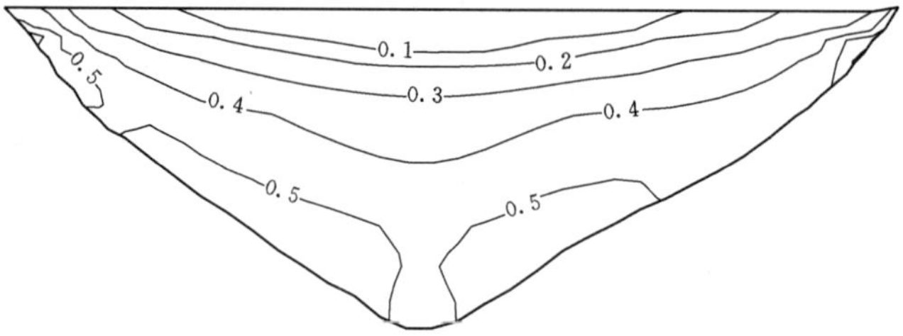

（c）应力水平（MPa）

图 4.8 - 16 工况 B - 01 应力计算结果（最大纵断面）

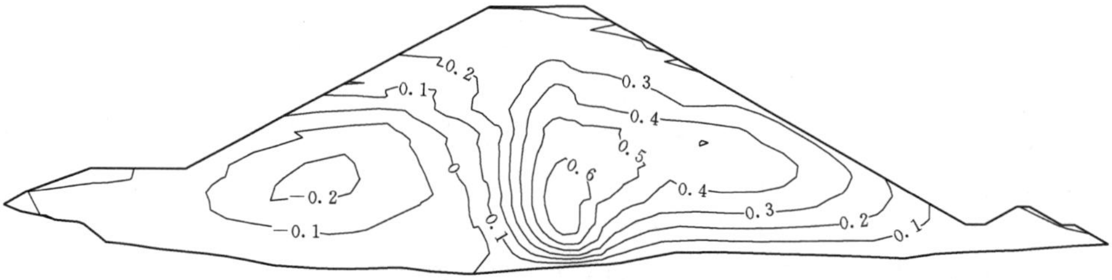

（a）顺河向水平位移（m）

（b）竖直沉降（m）

图 4.8 - 17 工况 B - 02 变形计算结果（最大横断面）

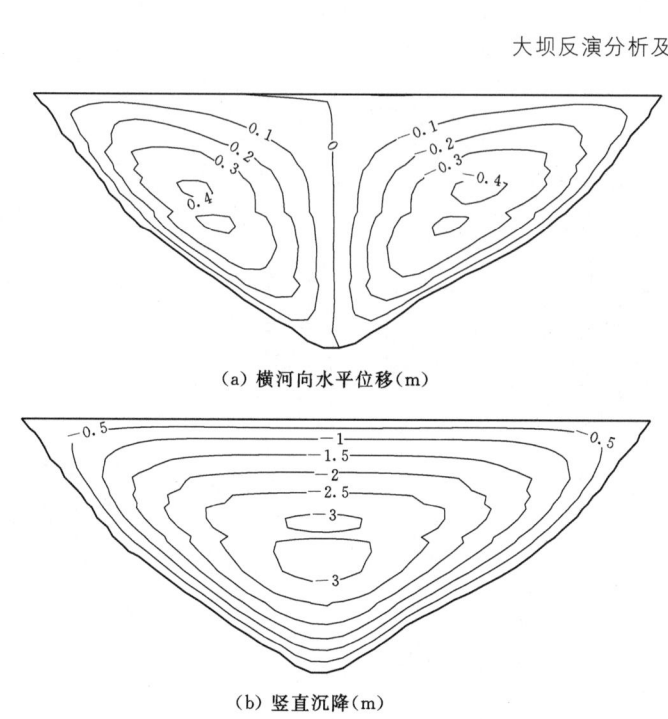

（a）横河向水平位移（m）

（b）竖直沉降（m）

图 4.8－18　工况 B－02 变形计算结果（最大纵断面）

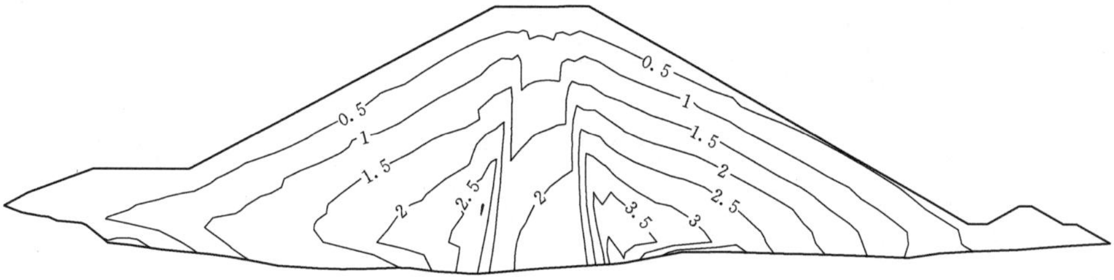

（a）大主应力（MPa）

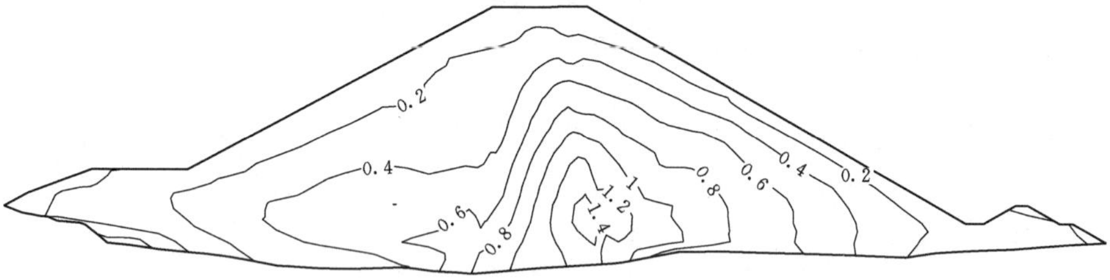

（b）小主应力（MPa）

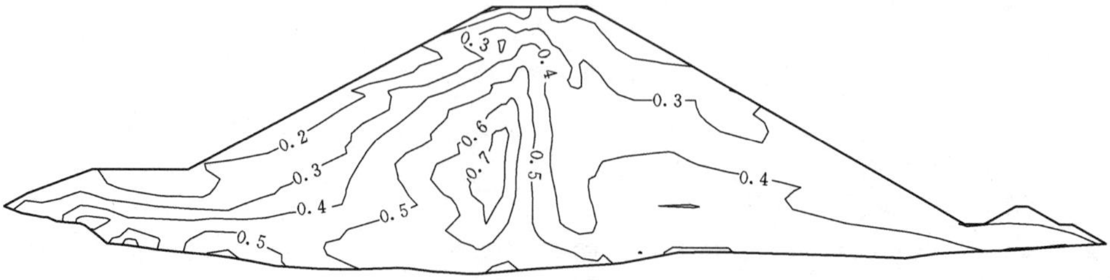

（c）应力水平（MPa）

图 4.8－19（一）　工况 B－02 应力计算结果（最大横断面）

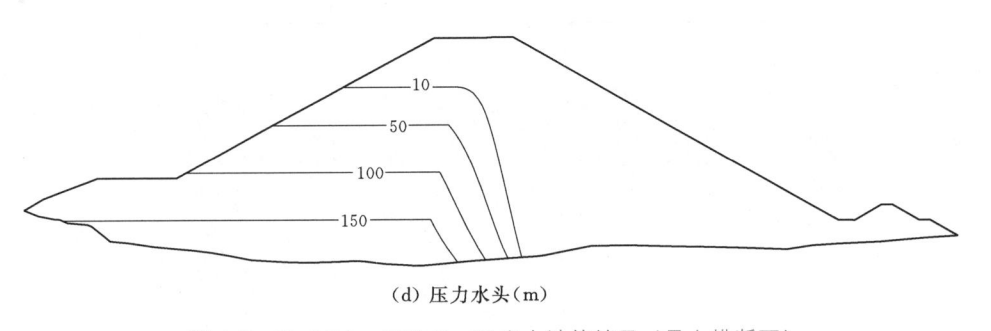

(d) 压力水头(m)

图 4.8 - 19 (二) 工况 B - 02 应力计算结果 (最大横断面)

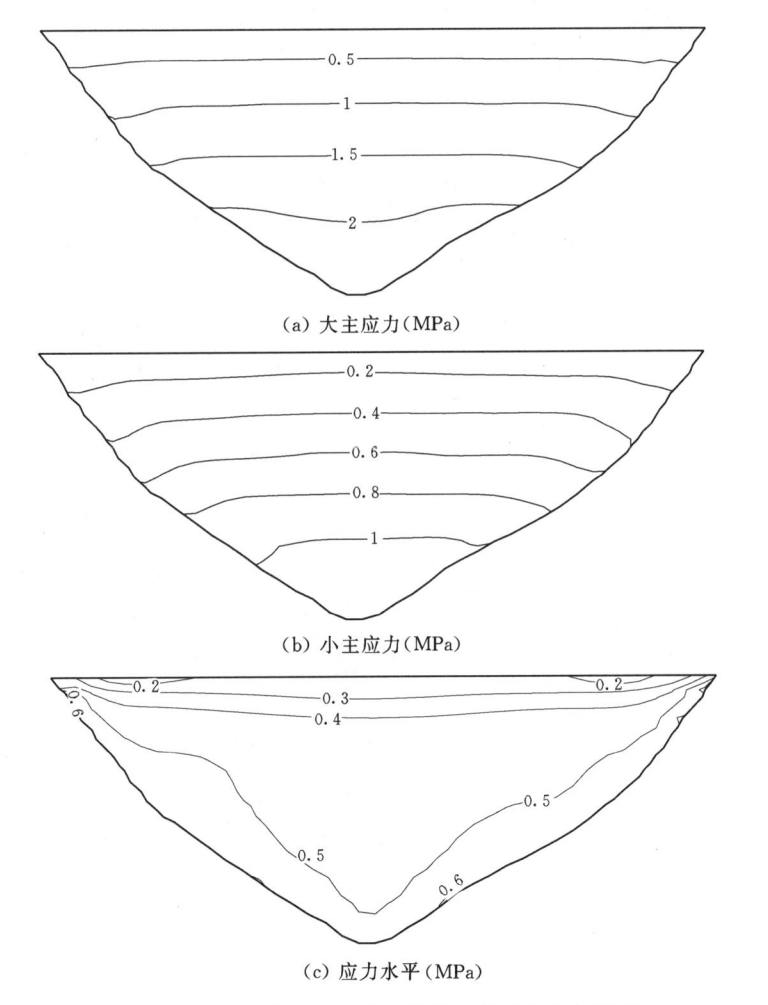

(a) 大主应力(MPa)

(b) 小主应力(MPa)

(c) 应力水平(MPa)

图 4.8 - 20 工况 B - 02 应力计算结果 (最大纵断面)

4.8.3.3 坝体完工期应力变形分析

图 4.8 - 21～图 4.8 - 22 为坝体完工期最大横断面和最大纵断面的变形分布情况,其分布规律与可研参数计算结果一致,但位移和沉降值上有一定差别。顺河向水平位移最大值为 76.4cm,发生在 0+309.6 断面心墙下游侧高程 663.00m 附近,指向下游。横河向

水平位移最大值为 46.9cm，发生在 0＋440 断面高程 722.00m 附近。沉降最大值为 322.4cm，占最大坝高的 1.23％，发生在 0＋309.6 断面心墙区高程 682.00m 附近。

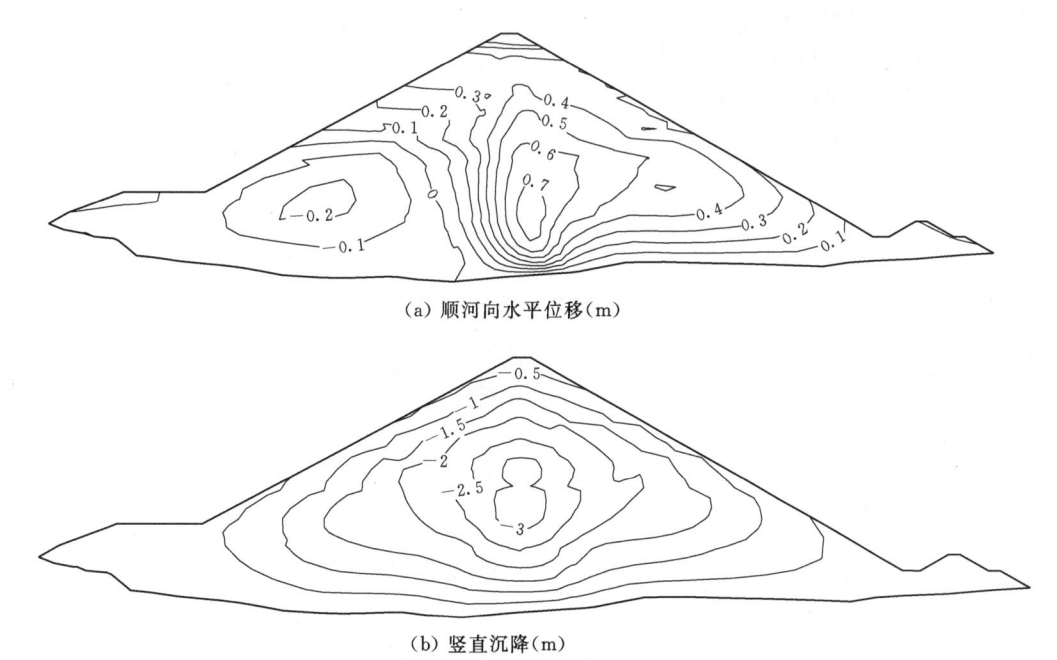

（a）顺河向水平位移（m）

（b）竖直沉降（m）

图 4.8－21　工况 B－03 变形计算结果（最大横断面）

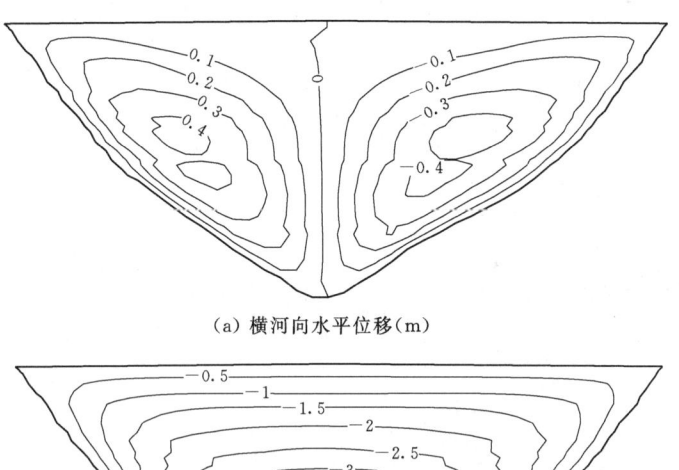

（a）横河向水平位移（m）

（b）竖直沉降（m）

图 4.8－22　工况 B－03 变形计算结果（最大纵断面）

图 4.8-23～图 4.8-24 为坝体完工期最大横断面和最大纵断面的应力分布情况，总体而言，应力分布规律与心墙土石坝的一般规律相符合，出现明显拱效应，心墙上游侧及上游堆石区小主应力较低，而心墙下游侧和下游堆石区小主应力较高。在心墙上游侧及心墙与上游堆石区的边界处应力水平值较大，达到了 0.7 以上。此外，心墙与坝肩较陡处的接触区仍是应力水平较高的区域。

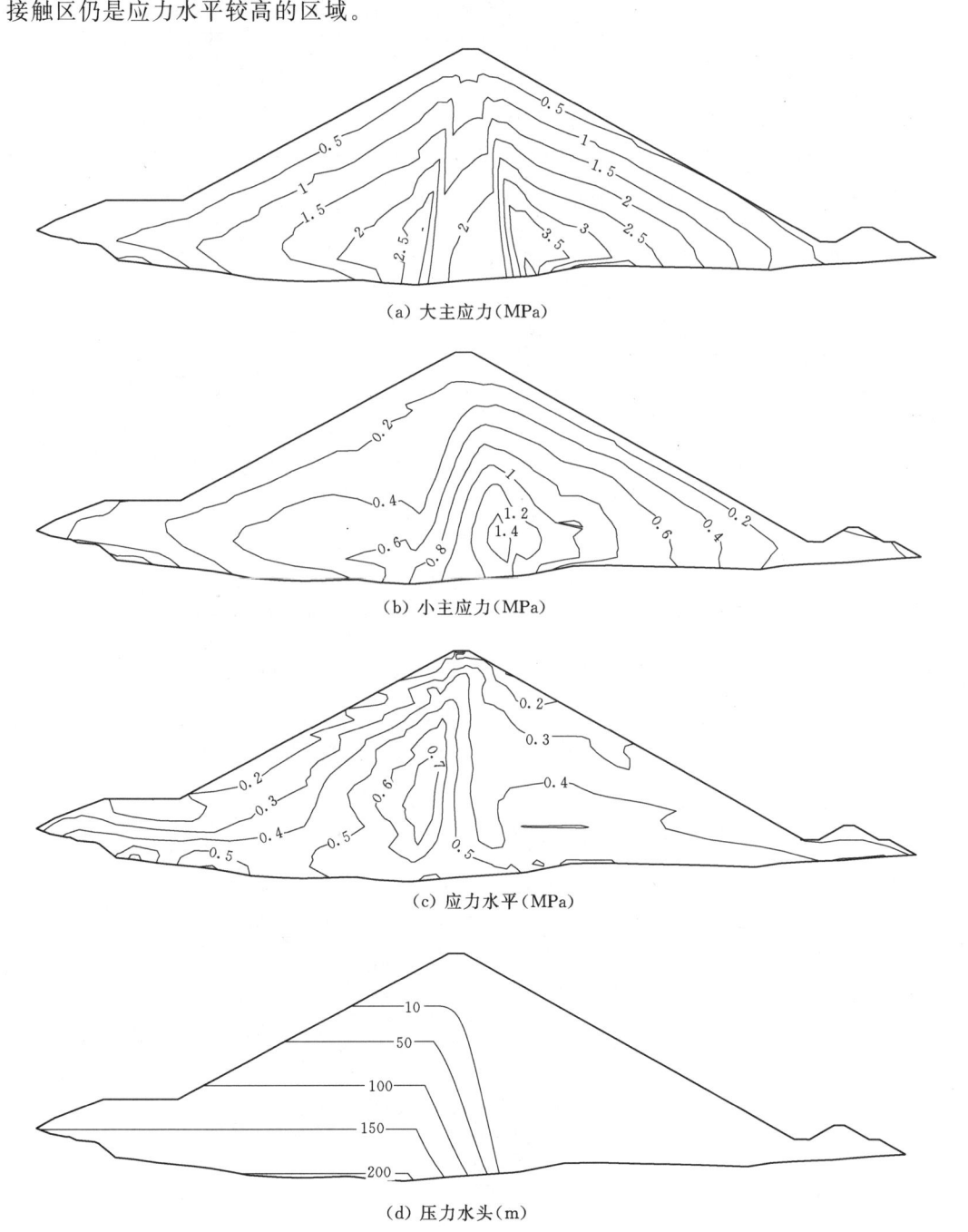

（a）大主应力（MPa）

（b）小主应力（MPa）

（c）应力水平（MPa）

（d）压力水头（m）

图 4.8-23 工况 B-03 应力计算结果（最大横断面）

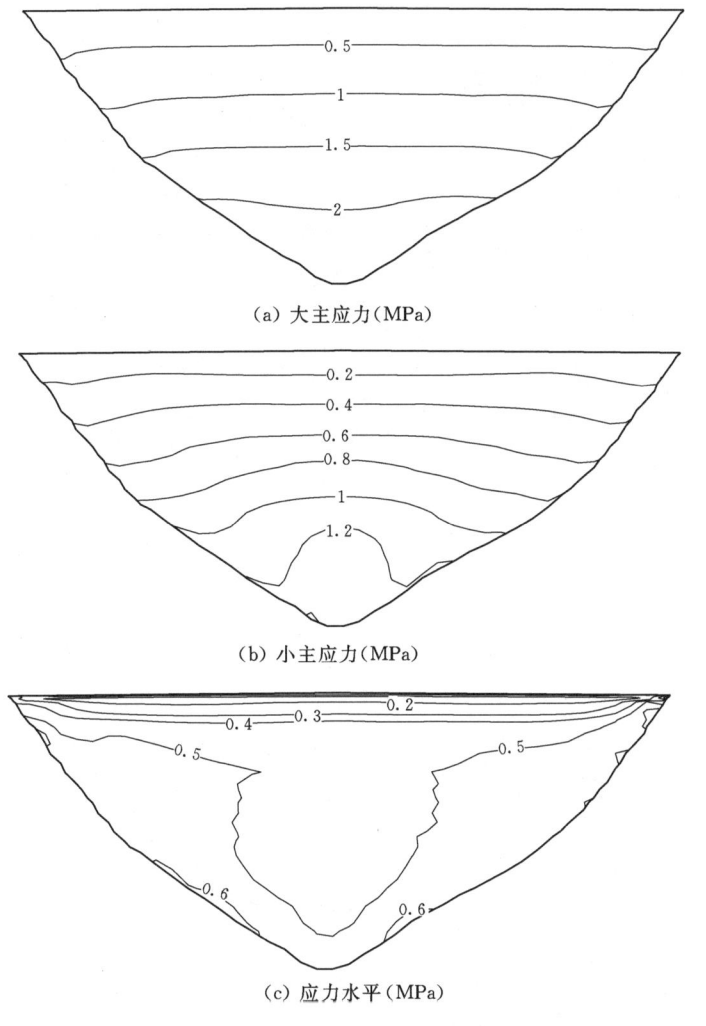

（a）大主应力（MPa）

（b）小主应力（MPa）

（c）应力水平（MPa）

图 4.8-24　工况 B-03 应力计算结果（最大纵断面）

4.8.3.4　上游水位达到正常蓄水位时应力变形分析

图 4.8-25～图 4.8-26 为坝体完工期最大横断面和最大纵断面的变形分布情况。顺河向水平位移最大值为 105.1cm，发生在 0+309.6m 断面心墙下游侧高程 690.00m 附近，指向下游。横河向水平位移最大值为 46.9cm，发生在 0+440 断面高程 722.00m 附近。沉降最大值为 316.4cm，占最大坝高的 1.21%，发生在 0+309.6 断面心墙区高程 680.00m 附近，与完工期最大沉降值（322.4cm）相比略有减小。

出现这种现象是由于蓄水位的提高使得浮力增大，进而出现沉降发生"反弹"的趋势，同时考虑流变湿化等其他因素造成的沉降增加，但浮力作用占据主导地位，故沉降略有减小。

图 4.8-27～图 4.8-28 为坝体完工期最大横断面和最大纵断面的应力分布情况，总体而言，应力分布规律与心墙土石坝的一般规律相符合，出现明显拱效应，心墙上游侧及

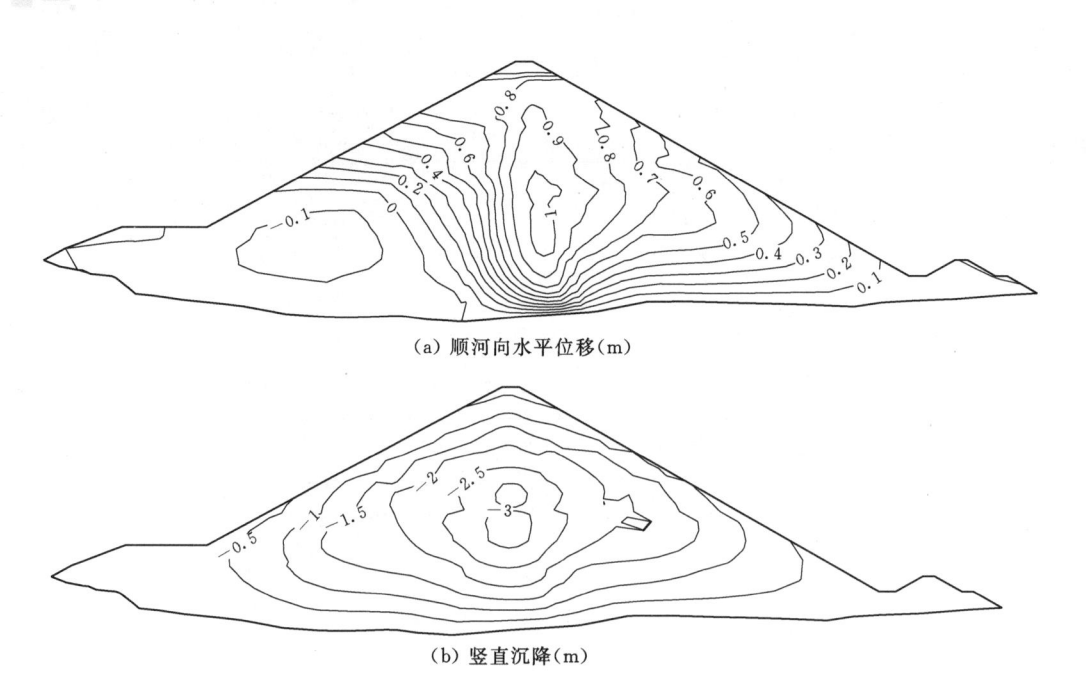

（a）顺河向水平位移（m）

（b）竖直沉降（m）

图 4.8-25 工况 B-04 变形计算结果（最大横断面）

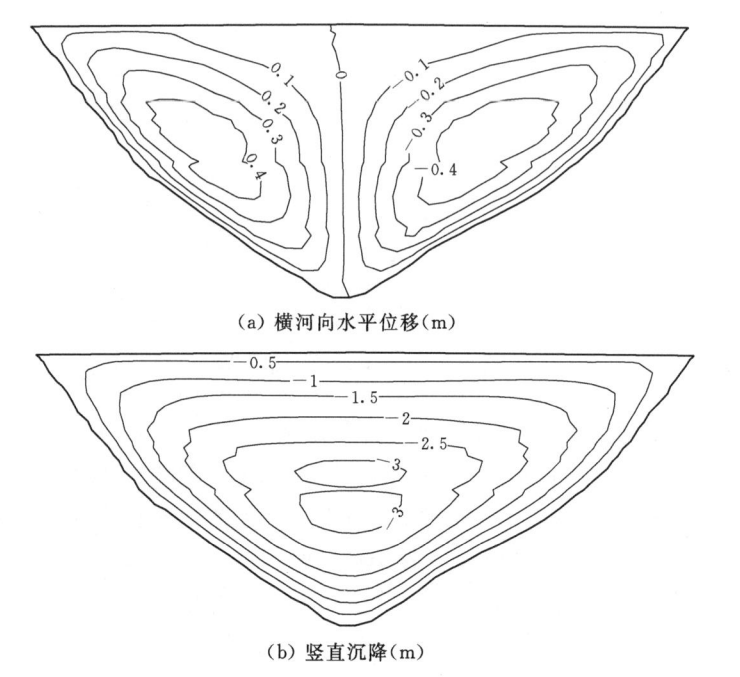

（a）横河向水平位移（m）

（b）竖直沉降（m）

图 4.8-26 工况 B-04 变形计算结果（最大纵断面）

上游堆石区小主应力较低，而心墙下游侧和下游堆石区小主应力较高，部分单元应力水平超过 0.9。在心墙上游侧及心墙与上游堆石区的边界处应力水平值较大，达到了 0.7 以上。此外，心墙与坝肩较陡处的接触区仍是应力水平较高的区域。

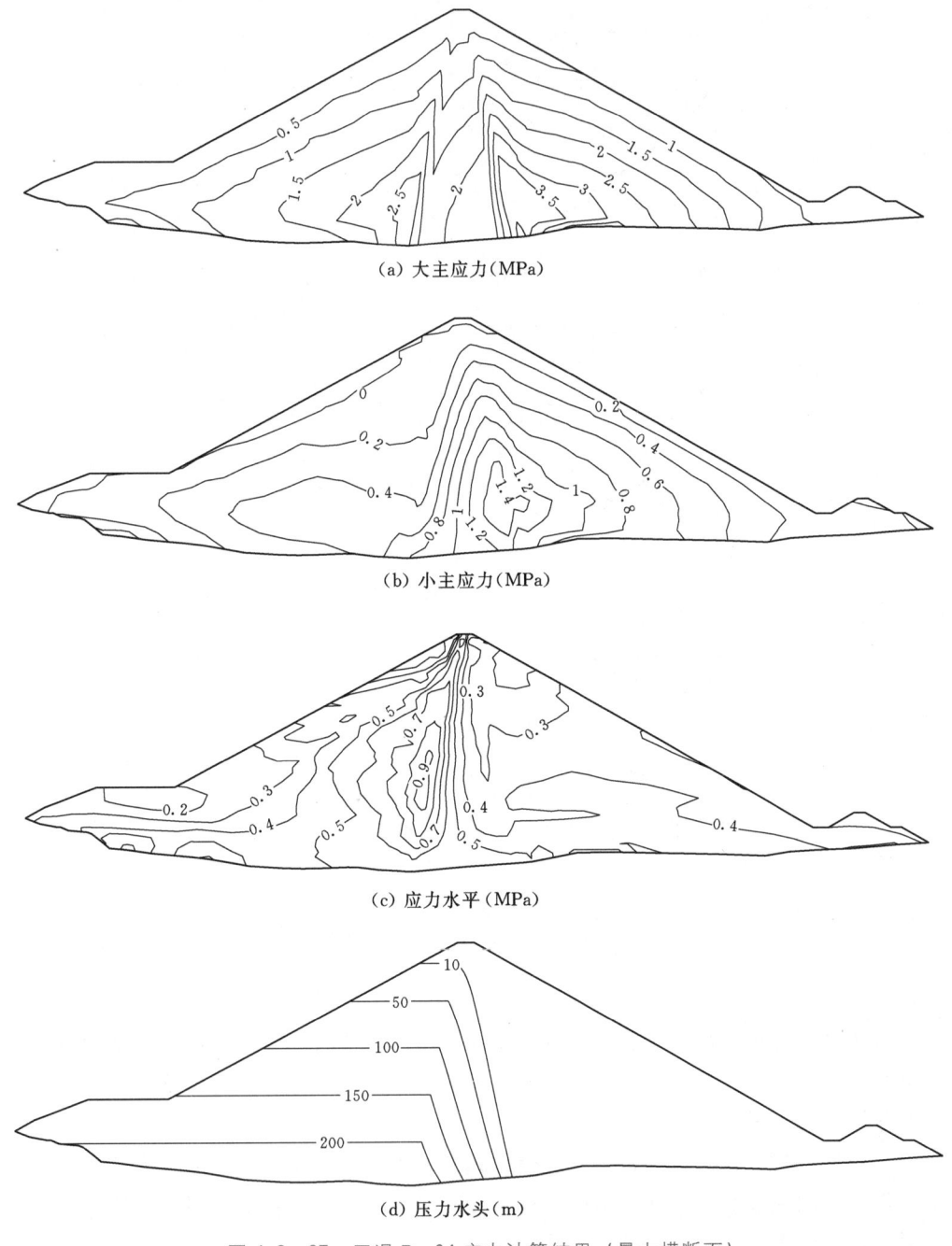

（a）大主应力（MPa）

（b）小主应力（MPa）

（c）应力水平（MPa）

（d）压力水头（m）

图 4.8-27　工况 B-04 应力计算结果（最大横断面）

4.8.4　安全评价

本章针对所取得的坝体位移监测数据，应用人工神经网络和演化算法对筑坝堆石料和心墙砾石土料的 EB 模型参数、流变变形参数和湿化变形参数进行了变形反演分析，并根

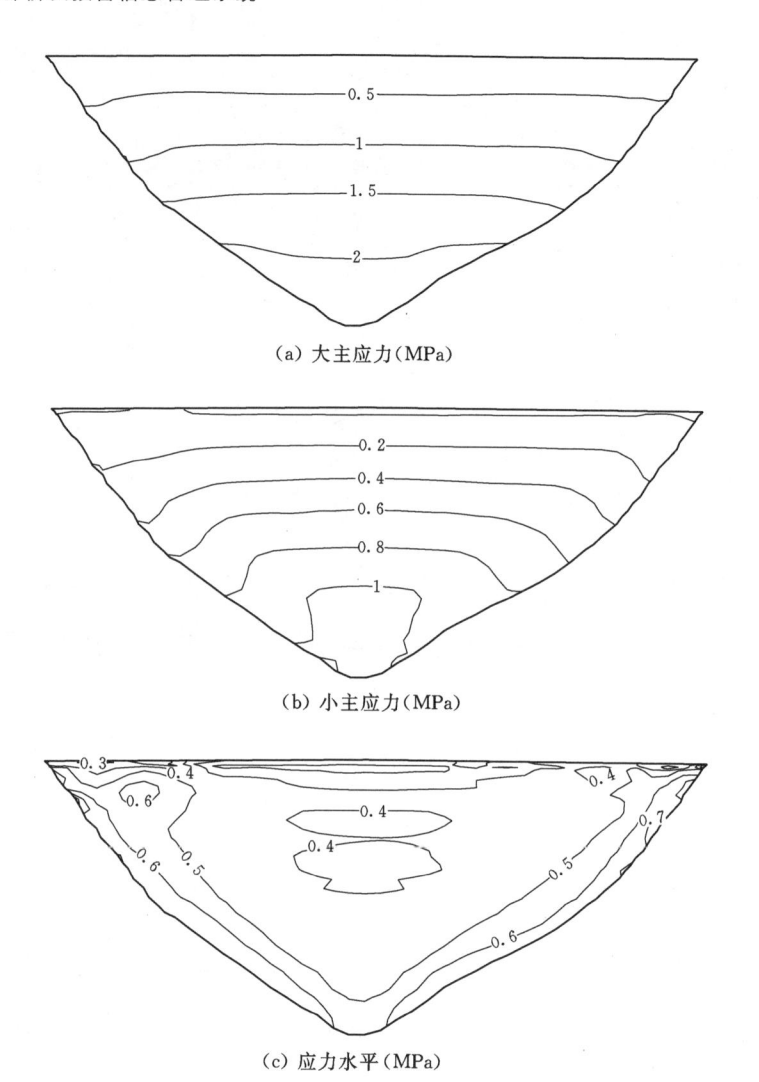

（a）大主应力（MPa）

（b）小主应力（MPa）

（c）应力水平（MPa）

图 4.8-28 工况 B-04 应力计算结果（最大纵断面）

据反演分析结果分析和预测了坝体的应力和变形特性。还对心墙掺砾料渗透系数随受力的变化进行了反演分析，并对坝体进行了多种工况下的三维非稳定渗流计算分析。通过上述研究工作，主要可得到如下结论：

（1）粗堆石料 I 和粗堆石料 II 反演得到的 EB 模型参数 K 和 K_b 相比可研参数稍有增加，使得计算的加载变形稍有减小；另外，反演得到的流变参数则使相应的计算流变变形稍有增大。

心墙沉降反演计算值与实测值的时程曲线及沉降分布规律总体符合较好，可以相互印证，说明反演得到的参数较能反映心墙的实际填筑和变形状况。总体看，心墙沉降实测值小于相应可研参数计算值，这表明从坝体变形控制的角度看，心墙平均填筑质量达到或优于设计的预期。

（2）反演参数计算得到的坝体应力变形均符合心墙土石坝的一般规律，且变形值在正

常范围内，计算最大沉降变形值约占最大坝高的 1.2%。

（3）根据渗压计监测数据对心墙掺砾料渗透系数进行了反演分析。结果显示，心墙上部渗透系数大于中下部渗透系数。

总结上述各方面的计算分析成果，可以得出如下的结论：糯扎渡高心墙堆石坝在施工、蓄水和运行的各个阶段，在坝体变形和应力以及应力水平、心墙孔隙水压力和渗流等方面均满足坝体安全性的要求。

第 5 章

总结与展望

5.1 总结

对于糯扎渡水电站超高心墙堆石坝来说，其安全监测技术已超出国内现有规范和技术水平，特别是监测方法、仪器量程、仪器安装埋设工艺以及仪器电缆保护等方面均有很大技术难度。同时安全评价及预警系统作为水电工程全生命周期的重要组成部分，当时尚无工程应用经验可循。

从糯扎渡水电站开展可行性研究阶段工作开始，昆明院联合国内科研院所和高等院校等单位开展了安全监测关键技术及安全评价与预警研究。主要研究成果归纳如下：

（1）改进研发了四管式水管式沉降仪、电测式横梁式沉降仪等新型监测仪器，创新性地应用了弦式沉降仪、剪变形计、500mm 超大量程电位器式位移计、六向土压力计组等，实现上游堆石体内部沉降、多传感器数据融合的心墙内部沉降、心墙与反滤及混凝土垫层之间的相对变形、心墙的空间应力等监测。

（2）开发了集测量机器人、GNSS 监测系统、内观自动化系统于一体的 300m 级高心墙堆石坝大型安全监测自动化系统。

（3）依托糯扎渡等典型工程的监测资料，对大坝进行分析与安全评价，总结变形、渗流及应力等发展与分布规律，同时建立多种反馈分析方法，对糯扎渡心墙堆石坝进行渗透系数反演及坝体坝基渗流计算分析、坝料模型参数反演分析、高心墙堆石坝应力变形分析与安全评价。

（4）研究整体和分项两级大坝安全监控指标，提出建设期、蓄水期及运行期的安全评价指标，构建了实用的综合安全指标体系，并对各种级别的警况提出相应的应急预案与防范措施。构建安全评价与预警管理系统开发框架，将监控指标、预警体系等有机地集成起来，形成理论严密且可靠实用的高土石坝安全评价与预警信息管理系统。

这些技术创新应用于糯扎渡水电站工程，很好地解决了超高心墙堆石坝安全监测、监测成果反演分析及安全评价、安全预警及应急预案等相关技术难题。糯扎渡水电站自2011 年 11 月下闸蓄水以来，历经多个洪水期考验，最高库水位在 2013 年及 2014 年连续两年超过正常蓄水位，挡水水头超过 252m。电站初期运行及安全监测成果表明，工程各项指标与设计吻合较好，工程运行良好，在中国工程界有良好的信誉和品牌优势。糯扎渡水电站监测系统在工程施工期安全、设计反馈、运行期安全监控等方面发挥了重大作用。同时，糯扎渡安全监测成果已部分应用于在建的超高心墙堆石坝（如大渡河双江口和雅砻江两河口等水电站），在提升我国大坝监测技术水平的同时，为后续高土石坝的建设提供了重要的技术支撑和借鉴。

5.2 展望

针对高堆石坝内部变形监测技术和仪器的局限性，在高堆石坝内分断面和高程布设监测廊道，廊道采用预应力预制廊道，每段预制廊道长度为 2.0m 左右，预制廊道之间采用

土工膜或沥青等填充以适应堆石坝不均匀沉降。布设监测廊道的优点包括：监测廊道内可以分段布设变形监测仪器，解决了长距离变形监测仪器的适应性和可靠性问题；可以从监测廊道内打孔布设堆石体内部监测仪器；堆石体内监测仪器电缆就近引入监测廊道，避免或减少了电缆长距离在堆石体内牵引有可能被损坏等问题；方便堆石体内人工巡视检查。

管道机器人可以对 800m 级长度管道内部情况进行全方位观测，除监测坝体内部水平和沉降位移外，机器人还可以配备管道摄像机，实时显示管道内部各部位细节，并拍照、录像。基本监测方案为施工期在坝体内部埋设保护管，保护管内设置机器人运行轨道，采用机器人在轨道内巡航监测坝体的水平和沉降变形。机器人工作由安装在下游坝坡的控制仪进行操作，控制机器人前进、停止、后退、水平位移测点检测、行进距离记录等动作。

柔性测斜仪从原理上克服了活动式测斜仪类产品在工程应用中存在的各种技术缺陷，如重复性差、累积误差大、易于磨损、人工操作劳动强度大、不能实现自动化监测等。同时解决了固定式测斜仪类产品在工程应用中碰到的各种技术问题，如测点间距较大带来的传递杆挠曲导致位移变化传递失真、安装方法过于复杂、在同一个测斜孔中布局的测点数量受一定限制等，能有效地简化安装工艺及降低劳动强度，能高可靠性、高精度地实现 1000m 级长距离水平及沉降位移测量，可为 300m 级高土石坝内部变形观测提供新型自动化监测技术实施手段。

参 考 文 献

［1］ 张启岳. 土石坝观测技术［M］. 北京：水利电力出版社，1993.

［2］ 国家电力监管委员会大坝安全监察中心. 岩土工程安全监测手册［M］. 北京：中国水利水电出版社，2013.

［3］ 林秀山，宗志坚. 黄河小浪底水利枢纽规划设计丛书：工程安全监测设计［M］. 北京：中国水利水电出版社，1997.

［4］ 杨泽艳，湛正刚，等. 洪家渡水电站工程设计创新技术与应用［M］. 北京：中国水利水电出版社，2008.

［5］ 周厚贵. 水布垭面板堆石坝施工技术［M］. 北京：中国电力出版社，2011.

［6］ 赵魁芝，李国英，沈珠江. 天生桥混凝土面板堆石坝面板原型观测资料分析［J］. 水利水运工程学报，2001（1）：38－44.

［7］ 颜义忠. 高面板坝安全监测几个问题探讨［J］. 水电勘测设计，2011（2）：1－5.

［8］ 李平湘，杨杰. 雷达干涉测量原理与应用［M］. 北京：测绘出版社，2006.

［9］ 毕德学，邓宗全. 管道机器人［J］. 机器人技术与应用，1996（6）：12－14.

［10］ 张宗亮，于玉贞，张丙印. 高土石坝工程安全评价与预警信息管理系统［J］. 中国工程科学，2011，13（12）：33－37.

［11］ 廖明生，王腾. 时间序列 InSAR 技术与应用［M］. 北京：科学出版社，2014.

［12］ 廖明生，林珲. 雷达干涉测量学：原理与信号处理基础［M］. 北京：测绘出版社，2003.

［13］ 蒋厚军，廖明生，张路，等. 高分辨率雷达卫星 COSMO－SkyMed 干涉测量生成 DEM 的实验研究［J］. 武汉大学学报（信息科学版），2011，36（9）：1055－1058.

［14］ 杨梦诗，蒋亚楠，廖明生，等. 基于高分辨率 SAR 影像的上海临港新城沉降格局分析［J］. 上海国土资源，2013，34（4）：12－16.

［15］ 裴媛媛，廖明生，王寒梅. 利用时序 D－InSAR 监测填海造陆地区地表沉降［J］. 武汉大学学报（信息科学版），2012，37（9）：1092－1095.

［16］ 袁会娜. 基于神经网络和演化算法的土石坝位移反演分析［D］. 北京：清华大学，2003.

［17］ 吴中如，顾冲时. 综论大坝原型反分析及其应用［J］. 中国工程科学，2001，3（8）：76－81.

［18］ 杨林德，等. 岩土工程问题的反演理论与工程实践［J］. 北京：科学出版社，1999.

［19］ 杨志法，等. 岩土工程反分析原理及应用［M］. 北京：地震出版社，2004.

［20］ 于玉贞，卞锋. 高土石坝地震动力响应特征弹塑性有限元分析［J］. 世界地震工程，2010（12）：341－345.

［21］ 董威信，袁会娜，徐文杰，等. 糯扎渡高心墙堆石坝模型参数动态反演分析［J］. 水力发电学报，2012（10）：203－208.

索　引

BP 算法 ……………………… 61

GNSS 监测系统 ……………… 45

安全监测信息管理及综合分析系统 …… 25

安全预警与应急预案 ………… 105

坝体坝基渗流监测 …………… 14

坝体应力监测 ………………… 16

变形梯度 ……………………… 42

不锈钢环 ……………………… 34

测量机器人 …………………… 45

超大量程 ……………………… 42

磁性沉降环 …………………… 34

错动变形 ……………………… 40

大坝安全指标 ………………… 60

大坝内部变形监测 …………… 11

电磁沉降环 …………………… 34

电磁沉降仪 …………………… 33

反演分析方法 ………………… 61

分级安全预警 ………………… 59

分项安全指标 ………………… 88

工程安全评价与预警信息管理系统 …… 58

混凝土垫层 …………………… 42

监测数据管理与分析 ………… 73

监测自动化系统 ……………… 45

剪变形计 ……………………… 40

人工神经网络 ………………… 61

上游堆石体内部沉降 ………… 36

视准线法 ……………………… 9

数据采集信息管理系统 ……… 25

数据采集与分析系统 ………… 67

数值计算 ……………………… 60

四管式水管式沉降仪 ………… 38

土体位移计组 ………………… 42

系统集成 ……………………… 54

弦式沉降仪 …………………… 36

心墙空间应力 ………………… 44

遗传算法 ……………………… 64

预警类 ………………………… 106

预警项 ………………………… 106

预警元 ………………………… 106

整体安全指标 ………………… 82

《大国重器 中国超级水电工程·糯扎渡卷》
编辑出版人员名单

总责任编辑：营幼峰

副总责任编辑：黄会明　王志媛　王照瑜

项目负责人：王照瑜　刘向杰　李忠良　范冬阳

项目执行人：冯红春　宋　晓

项目组成员：王海琴　刘　巍　任书杰　张　晓　邹　静
　　　　　　李丽辉　夏　爽　郝　英　李　哲

《安全监测与评价创新技术》

责任编辑：王照瑜　刘向杰

文字编辑：王照瑜

审稿编辑：黄会明　柯尊斌　刘向杰

索引制作：邹　青

封面设计：芦　博

版式设计：吴建军　孙　静　郭会东

责任校对：梁晓静　张伟娜

责任印制：崔志强　焦　岩　冯　强

排　　版：吴建军　孙　静　郭会东　丁英玲　聂彦环